C 地图上的中国
HINA ON THE MAP

茶叶故里
HOMETOWN OF TEA

陈勇光 著

五洲传播出版社

图书在版编目（CIP）数据

地图上的中国．茶叶故里 / 陈勇光著．-- 北京：五洲传播出版社，2022.1
ISBN 978-7-5085-4592-9

Ⅰ．①地… Ⅱ．①陈… Ⅲ．①中国－概况②茶文化－中国 Ⅳ．①K92

中国版本图书馆CIP数据核字(2021)第222247号

审 图 号：GS（2021）8277号

茶叶故里

作　　者：	陈勇光
图　　片：	图虫创意
出 版 人：	关　宏
责任编辑：	苏　谦
装帧设计：	山谷有鱼　张伯阳

出版发行：五洲传播出版社
地　　址：北京市海淀区北三环中路31号生产力大楼B座6层
邮　　编：100088
电　　话：010-82005927，82007837
网　　址：www.cicc.org.cn，www.thatsbooks.com
印　　刷：北京中石油彩色印刷有限责任公司
版　　次：2023年8月第1版第1次印刷
开　　本：1/20
印　　张：7.6
字　　数：100千
定　　价：48.00元

茶叶故里

Hometown of Tea

茶叶故里
Hometown of Tea

目 录

01 中国人与茶
- 茶史悠悠·10·
- 饮茶之道·16·

02 名茶出深山

绿茶之乡
- 杭州西湖·22·
- 湖州顾渚·25·
- 苏州东山岛·27·
- 南京雨花台·30·
- 徽州黄山·33·
- 太平猴坑·36·
- 泾县涌溪·40·
- 六安齐山·43·
- 九江庐山·49·
- 信阳大别山·52·
- 湖北恩施·55·
- 都匀大团山·58·
- 雅安名山·61·
- 四川峨眉山·64·
- 福建福州·68·
- 山东日照·71·
- 海南五指山·74·
- 林芝易贡·78·

黄茶之乡
- 雅安蒙顶山·80·
- 岳阳君山岛·82·
- 德清莫干山·85·
- 六安霍山·88·

乌龙茶之乡

南平武夷山 ·90·

泉州安溪 ·94·

潮州凤凰山 ·97·

台湾冻顶山 ·101·

白茶之乡

福鼎太姥山 ·108·

南平政和 ·112·

红茶之乡

武夷桐木 ·115·

祁山阊门里 ·118·

云南凤庆 ·121·

黑茶之乡

梧州六堡镇 ·123·

西双版纳古茶山 ·126·

湖南安化 ·131·

03 茶叶的旅行之路

茶马古道 ·136·

海上茶路 ·140·

草原茶路 ·144·

前　言

　　作家林语堂说过，只要有一把茶壶，中国人走到哪里都是快乐的。

　　茶是一种心灵慰藉，茶中有生命哲学，这是来自东方的审美。中国人讲"琴棋书画诗酒茶"，也讲"柴米油盐酱醋茶"，茶是普通人生活中和柴米一样重要的必需品，也是文人雅士心中的高洁之物。饮茶的方式可以精致，也可以简陋，因为饮者不同，而使茶有了不同品性。对于中国人而言，茶既是生活中简捷而美妙的享受，又可以通过它来升华品格。

　　好茶生长于山水秀美之地。中国约有20个省区都产茶，集中在南方一带，包括了最西边的西藏和最南边的海南岛。今天，在更北更严寒的地方，也有零星的棚栽茶。不同地域的茶，香气与滋味各不相同。在不同的产区，人们会使用风格迥异的制茶法。

　　制茶的方式随着时空而呈现不同的面貌。最初，人们采集野生茶叶将之晒干，饮用时放入锅内煮成美汤。1000多年前，唐朝人为了去掉茶的青草腥气，发明了蒸青法，将采摘的茶叶熏蒸后碾碎，制成饼茶，焙干封存。大约400多年前，也就是从明朝中后期开始，能表现更多香气的炒青茶类逐渐替代了蒸青茶类，由此中国茶的六大茶类开始逐渐完备。除了不发酵的绿茶，人们还制作轻微发酵的黄茶、白茶,部分发酵的乌龙茶,全发酵的红茶以及后发酵的黑茶。茶成了一个大家族。

  六大茶类,每一类都有代表性的名茶,每一种名茶都有其独特的色香味形。这些独特的色香味形,来源于优越的自然条件、优良的茶树品种和精湛的加工工艺的结合。

  茶的根本益处,来源于它旺盛的生命力。植物的生命能够滋养到人。好茶生长在远离人烟的深山,扎根在沃土或岩隙,伴随清风、雨露、月华、霞光。在一杯茶汤中,心灵得以回归自然的家园,这是人们内在深层的渴望。对于中国人而言,无论走到哪里,这种具备特殊香气的物质,是留在记忆深处的欢悦与安慰,有茶的地方就是故乡。

01

中国人与茶

茶史悠悠

茶树在这个美丽的星球上已经存在千万年了,但人类饮用茶不过几千年。相传,中国人的祖先神农氏因尝试百种药草而中毒,偶遇茶嚼食后才解了毒。这是一个关于茶的美丽传说。

2000多年前的秦汉之间,中国人的茶事开始慢慢酝酿。成片的人工植茶、江河航路与热闹的茶叶集市,使得茶叶逐渐走进人们的生活。最早关于饮茶、买茶的记录,可以从2000多年前西汉人王褒的《僮约》里看到。

中国茶文化的历史脉络可以用一句话来描述：发乎神农氏，兴于唐，盛于宋。茶事最为兴盛的唐代和宋代，人们饮用蒸青团茶，和我们今天的茶截然不同。这是用水蒸气来蒸熟茶叶的时代，蒸青茶的香气低淡但滋味隽永。唐代时，著名茶人陆羽写下《茶经》，这是世界上最早的关于茶的专著。这时候的中国南方已经有很多名茶了。制成的蒸青团饼，饮用时需要碾碎过筛，然后煎煮。《茶经》里描述了"三沸"的煮茶规则：一沸时水微有声，此时依水量加盐调味；二沸如涌泉连珠，此时将碾好的茶末从沸水中心倒进去；若水已经"腾波鼓浪"，则称三沸，此时的茶水

已经过老不宜饮用了。由此可见，当时的人们十分注重茶汤的鲜活和这一过程的仪式感。

与唐代相比，宋代的团饼更为精致，甚至可以加入各式香料与名贵的药材，茶饼上还可以雕龙刻凤，极尽奢华。宋人熏香、挂画、插花、斗茶——这被称为"四般雅事"。所谓"斗茶"，即比赛茶的优劣。斗茶者各取所藏好茶，轮流烹煮，品评分高下。不管是皇帝大臣、文人学士，还是游离于朝政之外的普通民众、和尚道士，对茶都有深切的爱好乃至深入的研究。茶，在那个年代影响深远。

当时，日本和韩国都向中国学习种茶、制茶和饮茶，并渐渐形成了自己的风格。直到今天，他们还一直留存着宋代点茶法的品饮方式。

到了明朝，开国皇帝朱元璋不喜欢繁复的饮茶方式，因此人们饮茶从茶品到器具都有了重大变革，蒸青散茶大行其道，比煎煮更为简单便捷的冲泡法成为主流并一直延续至今天。这时候的泡茶法推崇用江苏宜兴的紫砂壶，可使茶味更加醇厚甘美。明末清初，朝代更迭，茶事纷繁，出现了乌龙茶和红茶等新式制法的茶类。明末福建的隐元禅师将泡茶法带到日本，成为日本"煎茶道"的源流。

至清朝，则是工夫茶的精彩时刻。所谓"工夫茶"，既是费时间的工夫，也是讲究手法的功夫。人们更极致地择选泡茶器物与水，称"器为茶之父，水为茶之母"。在工夫茶流行的闽南和潮州地区，茶与人们的日常生活如影相随。工夫茶的饮茶法至为精妙，其影响一直延续到今天。

这时候，茶叶种植出现了利用枝条、根、叶等进行无性繁殖的方式。到民国时期，有了机械化制茶。在当代，制茶一方面已进入标准化的工业生产时代，另一方面又作为非物质文化遗产保留着传统的手工技艺。

当代流传于华人圈子的茶艺，和至今仍然存留于潮州、闽南一带的饮茶法一脉相承。它们在100多年前就传到了东南亚各国。今天，遍布中国各地的茶空间更注重呈现细节的美，茶器创作既传统又讲求个性，还有多元化的茶艺与精彩纷呈的茶剧场。

　　历经千年，中国人依然用浪漫精神来对待现实中的茶。茶有抽象意味，茶汤中有写意山水，品饮的感受如听到古琴一样澹淡幽远，交融着对宇宙与生命的思索。这些，就是中国茶的审美与哲学。

饮茶之道

茶道的精神体现在中国人喝茶的过程中。东方人欣赏的茶味,并不在于入口时的浓强,而是在于韵味的深长隽永。今天人们追求的古树茶、高山茶、正岩茶等等,都是韵味更长的茶。因为有更多的内涵物质,就能表现出更协调的滋味特征,所以茶味甘美稠厚又韵味悠长。浓强、刺激、短暂的茶味对于身心而言益处不大,甘美的茶味更加滋养人。

讲究韵味的中国茶,与东方的审美有关,正如水墨画、古琴、良器都讲究耐看耐品,韵味悠长。

中国人的茶艺,重在借茶汤来唤醒人的内在精神。在沉静从容的冲泡中完成一盏茶汤,茶席成为茶艺师们创作的舞台,他们用自己认知的美来打动他人。

茶所带来的身心愉悦,让人们可以更好地感受这个世界。各式茶艺如繁花一样盛开在中国大地上。在绿茶产区,人们习惯用玻璃杯泡茶,以直接欣赏到茶叶浮沉与外形的舒展。在四川,人们更喜欢使用代表天、地、人的三才盖碗,还出现了融入中国功夫的长嘴壶茶艺表演。而在

乌龙茶产区，尤其是潮州和漳州等地，整个行茶过程指向精细的茶味，从清朝流传到今天的"潮汕炉、若深杯、孟臣罐、武夷茶"，讲究一定要用潮汕的炭炉、景德镇的白瓷杯、江苏宜兴的紫砂壶来冲泡武夷岩茶。在白瓷薄杯滚烫茶汤里，馥郁的香气与甘美的茶味，蕴藏着质直而坚定的山林气息。

  有人说，中国的茶有多少种滋味，茶的器物就有多少种材质、色调与器型。2000多年前就有青瓷存在，它能更好衬出茶色的碧翠。在青瓷茶碗里，人们仿佛能看到一千座山峰的颜色。再到宋代，官、哥、汝、定、钧五大名窑瓷器美到极致。官窑瓷为宫廷御用，极为端庄高贵。"雨过天青云破处"的色彩审美，成为汝窑瓷的经典。白或黑的定窑瓷，剔花、刻花、划花的手艺沉静娴熟。由两种釉水配合烧制最后在出窑时出现自然裂片的哥窑瓷，也成为当时的一种审美时尚。色黑而质厚的兔毫盏在宋代点茶流行的时代成为主角，柴火和自然矿石给了它黝黑或银色的幽光，仿佛天空隐秘的色彩，盏上还带有兔毫或鹧鸪鸟斑点一样的纹路。而白瓷直到今天

仍然是茶的知交,它真实地呈现出茶汤的色彩。在白瓷上加上以青花矿料绘成的各式图案,这是从元朝开始的制作方式。青花料绘制的精细山水、人物,延续了中国人古老的浪漫主义。

茶器中有大地、天空、草木的色调,是实用器,也是心灵的寄托。如今,茶器融合了东西方的艺术养分,材质也变得更加丰富,比如冷的金属、通透的玻璃、非自然界的材质,创作的空间更加宽阔。

中国人一贯对"道"心怀崇敬,在这些茶器背后的茶道是什么?

茶道是无形的精神,也是一种有形的展示。在注水冲泡的那个瞬间,饮茶者完全沉浸其中,在意水与茶的交融,探索茶的香气与滋味的呈现,这亦是茶道的体现。

茶道化身在注水时,在行茶的流程上,在器物安放的规矩中,在空间光影里,融合了山野的花、触及心灵的画和美妙的音乐。

能触动内心的一盏茶,是茶道的全部。

02

名茶出深山

绿茶之乡

杭州西湖 ｜ 江南灵秀 旧识龙井

龙井是地名，也是茶名，是中国最出名的茶之一。杭州西湖龙井以"狮龙云虎梅"为主要产区，分别指的是杭州西湖区的五个村：狮峰、龙井、云栖、虎跑、梅家坞，其中狮峰所产最佳，梅家坞产量最大。

每年春天，黄莺啼叫，微风穿过灵隐寺的香火，停歇在杭州西湖畔的五老峰下，龙井茶树正在高山上泛着碧色。西湖龙井之所以声名远播，大概是灵秀的山水赋予了它厚质、甘爽与香郁的禀性。杭州狮峰山下的胡公庙至今依然有18棵龙井御茶树，相传是清朝乾隆皇帝下江南时亲

口御封的。而虎跑泉畔，则生长着成片的野生茶树。

　　临近清明是茶农最为忙碌的时候。西湖龙井茶的采摘按一芽一叶或一芽二叶初展的标准进行。采青之后摊晾，微弱的阳光和风力使鲜亮的翠叶由青气转为淡淡的花香，然后才能进行炒制。

　　狮峰山一带的茶树品种主要有老龙井（群体种）和龙井43号。在老茶客的眼里，老龙井叶厚、形圆，滋味更加香郁、醇厚。当然，它长得更慢，基本上要等到三月底以后才会慢慢上市。在生产顶尖老龙井茶的狮峰山顶，那里的老龙井茶到三月下旬还没开始采呢。

　　每年到了这个时候，梅家坞的茶农就会坐在椅子上炒茶，忙的时候会从中午一直炒到凌晨。这里大多数茶农的炒茶技术是世代相传的。与纯粹的机器茶相比，手工茶充满灵气，叶张更饱满、鲜活。

如今愿意做这种全手工茶的人少了，手炒一锅只有不到一两的干茶，费心费力。满觉陇的唐小军，人称"龙井第一炒"。他介绍，炒龙井有"抖、搭、压、磨"等十大手法，极致精细，在初炒时讲究高温杀透，再摊晾数小时等待回潮，接下来用低温回锅，此时，茶香就会慢慢蒸腾。

炒后的新茶用棉布装好放到装有石灰的陶罐中，石灰可以吸潮去除杂气，使茶更加鲜活和香郁。等待十天半个月，才可以喝到好喝的明前龙井。

顶级的狮峰山龙井，外形扁平挺直，糙米色，由内透出润泽，幽细的兰花香（非豆香）冲鼻而上。手工龙井讲究炒得透炒得熟，所以滋味厚醇，花香馥郁，有喉韵，回甘良久。

有底质的西湖龙井，令人念念难忘。它来自富含石英砂的土壤，凭借湖面的湿润水气，蕴藏着花草林木的气息，凝聚着制茶人的心力。

湖州顾渚 〉紫笋茶的王者香

　　湖州顾渚东临太湖，西倚天目，三面环山，当年茶圣陆羽曾在这里行吟访茶。古茶山的野茶生长在山谷溪涧两侧的烂石中和树林下，叶芽美如笋状，色多紫，故有"顾渚紫笋"之名。

　　1000多年前，高贵的紫笋茶成为中唐皇帝的厚爱。从立春开始，数万人为之忙碌，就是为了在清明之前把茶送抵长安，进献给皇家。而紫色，是唐朝贵族专用的颜色。

　　茶圣陆羽在湖州长兴访茶时，就十分喜爱此茶。顾渚紫笋于770年被宫廷正式列为贡茶。由于当时唐代宗李豫对紫笋茶推崇备至，顾渚山下建立了贡茶院。贡茶院最盛时役工三万人，工匠千余人，烘焙工场百余所。

　　唐代的紫笋蒸青团饼，要经过采、蒸、捣、拍、焙、穿、封七道工序。之后蒸青饼茶绵延到宋元，至明代前期改为蒸青散茶，一直到明代中后期，炒青茶方登上舞台成为主角，为今天的我们所熟知。可以说，蒸青的顾渚紫笋

是古老而珍贵的一类茶。

1000多年来，顾渚山几经变迁，皇室贡茶院的气度早已不再，茶山寂静空旷。我们可以在新修的贡茶院里，循着历史足迹去追溯过往的荣光。宋代的摩崖石刻也已经看不清字迹，但是这里却有最好的紫笋茶，汤色碧透，有兰花一样的幽香。

今天，顾渚紫笋成为烘青绿茶的佼佼者。它的炒制工艺依旧讲究，能让1000多年后的人们感受过往那些高不可及的茶味。手工炒制前，师傅会将新采的紫笋鲜叶先摊放于竹匾里晾晒，其后再以柴火铁锅炒制，投茶量只有数两，炒揉之后讲究炭火烘干。用心制出的顾渚紫笋，因为是烘干，条索自然舒展如兰花状，并不扁平。

湖州好和堂的主人字号"大和"，致力于复兴紫笋茶。夫妇二人创制出十数种紫笋茶，有用湖州地区茶青做的湖州紫笋，也有地理范围严格限制的古茶山紫笋，还有按唐代制茶法复制的蒸青小饼。古茶山紫笋茶，有着甘洌清醇的滋味，茶汤似乎入口即化，品饮间但觉花香乳味，山野气息沁人心脾。

时间在茶上留下许多印迹，隐藏于广阔的顾渚山间。顾渚紫笋的千年赞誉，与众多爱茶人的心血交汇，乳香清凉的美妙滋味由此流淌不息。

苏州东山岛 〉春天清气凝成的碧螺春

碧螺春茶带着清雅的果香,传说中有"吓煞人香",这是江南甜美春天的气息。苏州古城濒临万顷太湖,当天气清而明,东山与西山的老茶树芽叶发得正好,新芽深嗅带淡淡的花香,低幽而长。

一望无际的太湖,两岸杨柳绿丝绦。东山岛上的古村落,500多年前的老牌坊与磨得发亮的石街,记录着久远的风物过往。庭院则粉墙黛瓦,一枝桃花斜里伸出,精致杯盏里的碧螺春正香。静幽恬美的太湖岛上的碧螺春,分明是春天的清气化成的。

上等的碧螺春茶,讲究用古老的群体种。碧螺春的鲜叶嫩,采摘回来就要特别小心,置于一面面竹制的水筛上。芽叶须经拣剔,剔出老叶和残片,留下每一枚符合标准的碧翠叶芽,再薄摊于竹筛,间插于木架上。茶香与淡淡竹香交融,仿佛春天里青藤爬满了屋角。

绿茶美好的花香亦从摊晾开始。微风,让茶叶青气与水分散失,使花香与清味共存。自然晒干后的芽叶,身段碧透而优美,静候火的磨砺。开炒了,茶灶前备好了成捆的柴木,灶台里的柴木吐着火苗,用的是一百多度的锅温,一斤左右的鲜叶入锅杀青,最后制成二三两干茶。鲜叶抖散入锅,发出轻轻的噼啪声。焖炒与翻炒是炒茶的核心手法,焖炒可以提升温度,让水汽起到蒸熟茶叶的作用。翻炒时,要讲究炒得均匀,并借以走散多余的水分。第一次杀青约五六分钟,此时茶叶已经能软捏成团。

炒青后的茶叶取出放在竹匾上揉捻。制茶人双手叠起,松紧有度,手臂上青筋显露。揉后继续复炒,茶叶

米的市郊，安静且美。

  每一座城市都有它的甘苦之味。南京城藏着许多过往的故事，与今日的繁华交织如梦。天快要黑下来，空中飘布细雨，金陵城里繁灯如织。雨花茶透着浓厚醇爽，恰如爱恨分明的滋味，令人欲罢不能。怪不得喝习惯了的南京人，一定要守候着这些春茶的到来。

徽州黄山 〉茶出黄山间,深藏功与名

有象牙一般高贵颜色的黄山毛峰,出生在绝美的安徽黄山。它曾为中国的"十大名茶"之一,但在今天热闹的茶界,平民价格的黄山毛峰似乎深藏了功与名。

黄山产茶的历史可追溯到约1000年前的北宋,兴于明代中期。在清朝时,黄山就大量生产绿茶并销售到海外,风靡欧洲。

1875年前后,歙县茶商谢正安开办"谢裕泰"茶行,取高山名园选采肥嫩芽叶,因为茶叶"白毫披身,芽尖似峰,色如象牙,香气馥郁",所以取名"黄山毛峰",从此黄山毛峰名扬四海。

黄山毛峰以黄山大叶种为原料,其产区在黄山一带,因为高山坡地多,坡陡土层薄,多系砂壤土,并不允许有百亩千亩连片的种植规模。

在原产地黄山区富溪乡的充头源一带,生态环境很好,清明至谷雨间的高山茶品质尤胜。当年谢正安创制的

黄山毛峰,其芽茶原料就选自这里。充头源的山里,茶山海拔达800米。清明时节,甫抵乡村,天气陡冷,此间溪涧清澈见底,流水静缓,杜鹃花开满了两岸,茶树隐隐地躲在群山里,尘世间仿佛一下就安静下来了。

"黄山归来不看山",黄山灵秀,徽州绝美。正因为有青山,才有好茶。试喝黄山毛峰,只是简单用玻璃杯泡,便觉清香甘醇,香韵满口。除了长久的回甘,也能感受到茶本质中的清甜。

从富溪乡往充头源等深山里走，山里的住户益发稀少。徽州的山水充满诗意，黛瓦白墙，石桥溪涧，安宁祥和，那曾经的富贵温柔恰似流水。"一生痴绝处，无梦到徽州"，汤显祖笔下的徽州令人无限遐思。

这个下午，人们将采摘来的鲜叶卖到厂里，厂里验收过鲜叶质量等级，就将鲜叶摊放吹走水汽。黄山毛峰的制作如今多已交付给机器，但其手工的技艺仍有所保留，尤其是杀青和炭烘干燥，依旧延续了千百年来制茶的传统与精髓。手工杀青时，锅底要到发白的程度，说明锅温才够高。投茶量不到一斤鲜叶，炒青大约需要十几分钟。最后的工序为毛火烘干，使用四个并列的炉灶，如同武夷岩茶，黄山毛峰的炭烘亦需覆灰。烘后的茶叶在空气中摊放一小时多，渐渐变软。根据茶叶老嫩程度，此时或可加冷揉，茶叶颜色尚绿，再足火烘干，所谓"盖上圆匾复老烘"，这也是黄山毛峰的工艺要点。

黄山毛峰特别追求鲜灵度、清香度，这得益于高山的海拔和生态环境。在黄山风景区的汤口，或者其他幽僻的山林，都有清甜且厚质的茶。每每喝到这样的黄山毛峰，就会让人忆念那里清冷而出尘的山水。

富溪一带的茶乡已为新建的高铁贯通，但依旧保留着徽州农村的安宁。那些古老的四合院，暗藏了耕读传家的过往。古桥的石墩已经长满了灰白的苔藓，远处的青山连接起祁门的红茶、休宁的松萝茶、石台的雾里青、新明的猴魁，还有古老的老竹大方茶。

徽州依旧流淌着久远的故事，有数不清的美丽茶园。竹林下或清柔甘美的溪水边，萋萋芳草中的茶树只散发着芬芳，深藏了功与名。

园,意味着更加天然。

猴村有一棵猴魁茶"茶王树",据说树龄已有300多年,树身挂着红布条,周边用石条垒成石台,石台上有绿色的隶书大字"茶王树"。

村里采的猴魁没两天就会被各地茶商拉走。时间越往后,越难做出两叶抱一芽、不散不翘不卷边的标准猴魁,而只能制成品质次一等的魁尖和魁片了。

猴魁茶的制作要经过摊晾、柴火深锅杀青、揉捻、压形、烘干等工序。猴魁的原料叶大,讲究以柴火深锅杀青。杀青后的每一片茶叶以手工搓条,手工揉搓的时候,四人围坐一桌,专心致志。揉后又即滚压成形,入焙箱烘干。

用柴火深锅炒青更能表现猴魁的醇厚之味。杀得透才不会有青气,翻炒动作要轻灵娴熟,朝同一个方向边炒边抖边理条,二两多的茶叶要炒三四分钟。猴魁茶叶色苍绿匀润,叶脉绿中隐红,人称"红丝线"。所谓"红丝线",其实是大叶种炒青时未能及时高温杀青而导致的轻微发酵所表现出来的红梗。

外地仿制的猴魁,外形纯粹以机器压得像薄纸一样的扁平,或者以小叶种制作,故短细不匀,缺少了猴魁茶应有的精神。

沏上一杯太平猴魁,玻璃杯中深翠的茶渐渐舒展,不仅形美,更兼兰花清甘,滋味滑润甘甜,具有独特的"猴韵"。品饮此茶,可体会"深谷幽兰"之意,而兰香源自这里的柿大叶种、精细的匠心和太平湖畔的山林厚土。

今天人们之所以难以坚持全手工制作，就是由于这一道工序太过于费心费力，所以现在多使用机械摇摆往复式锅炒。那些老人家虽然很想坚守手工茶的制作传统，也难免心有余而力不足。所幸，青翠的山林还依旧可人，这也是好茶最根本的要素。

"掰老锅"之后还没有结束，还需要更进一步精制分筛。采用特有的竹筛，成茶用手筛"撩头挫脚"后，即为正品火青。因为揉得紧，颗粒似珍珠，所以掷杯有声，汤色杏黄，滋味醇正甘甜，耐泡持久。

徽州的山水里流淌着天然茶香，从明代到清代的数百年间，从中国到遥远的欧洲国度，从许次疏到郑板桥，从大方和尚到双手老茧的茶农，从徽商的车马到书院的耕读，都记录着徽州茶的苦涩与芳香。当那些远航的货轮带上这片山水的清味，也就使寂静的山谷和高山云雾凝结而成的茶香，穿越遥远的洋流与港口，去滋养更多人的身心。

这一缕炒焙而成的茶香，与宣纸精细艰辛的工艺一样，历经千折百回，镌刻上了徽州山水的书卷清音。

六安齐山 | 箬篝炭火间的齐山一叶

六安的"六"应念作"陆",南来北往的列车常会经过这座城市。位于长江与淮河之间的六安城,风生水起。六安瓜片是绿茶中唯一一款以单叶制作的茶,其茶山处于大别山北麓,山高林茂,出产好茶由来已久。

每到茶季,六安茶叶集市上,销售瓜片的商家会在商铺档口前,展示六安瓜片最后一道"拉老火"的工艺。炭火很旺,快速移动的烘笼上,茶叶渐起白霜,六安瓜片带上了炭火的温暖。

六安瓜片的工艺,在绿茶之中称得上极为讲究,不仅仅是因为它只取单叶采制——在"拉老火"之前,茶叶已经经历了不少于十天的加工。

要喝到传统的瓜片茶,是不能着急的。六安瓜片讲究用当地的古老茶种,高山上的茶要在谷雨之后才能采制。山间茶树散落,因为只能采摘单个叶片,每个茶工半天只能采摘半斤多的鲜叶,炒干后就剩一两多。

齐头山也称齐山,最好的六安瓜片就出自这里。从六安市驱车一小时多可到达金寨县响洪甸镇,看到水波荡漾的响洪甸水库,就离齐头山不远了。

四月的齐头山莺飞草长,裸露出红色的山岩。六安瓜片只能撷取芽边的第二叶,采茶女工正背着竹筐细心地采摘。在山上制茶的梁四哥介绍,"带梗叶走水好,茶叶会更香,不带梗的叶片虽然容易成就外形,但滋味欠缺,喝起来偏涩"。

山顶蓝天清澈,白云缥缈,火焰色一般的山崖,黄白色的桐花,宛如仙境。一群采茶女工,将欢快的笑声撒在山头。

六安瓜片的采摘在谷雨后立夏前,当地谚语说"立夏三天,茶麻生骨",意思是过了立夏,六安的特产茶叶和麻都要老了。

齐头山上还留着几户农院。看到院子前的大焙笼,就到手工作坊了。采摘的单叶鲜叶正摊晾在竹筐上,这是室内萎凋的工序。手工作坊的炒青间有十二口锅,统一使用柴火，一口生锅挨着一口熟锅，分成六组。生锅的主要功能在杀青，先炒至五六成干，再移至熟锅整形，熟锅大约炒七八分钟，炒至六七成干即可。炒青间的温度很高，初来乍到，待久了都怕要中暑。炒茶需要有熟练的工人，外人只听到噼里啪啦的声音，其中却大有诀窍。炒青时使用的小笤帚是用高粱秆做的，拍、打、团、抖都靠它。该拍的时候拍，不能太早，早了会出青气，太晚了叶边缘会发干发白甚至糊边。

炒青后的茶叶要用炭火烘干，用的是无烟硬木栗炭。两三斤的茶叶放在离炭火约一米高的位置进行烘干，烘焙约半小时，就是毛茶了。

毛茶焙至八九成干，此时要堆放三天或一周，以便得到味道更醇厚的茶叶。堆放后，挑出老叶，再过小火，约烘焙50分钟。这时候还没有完工，还需要最后过一道老火。

经过小火烘焙后的茶叶再放四五天，就可以拉老火了。拉老火最为精彩也最辛苦，需要把炭火烧得很旺，由一组两人抬烘笼在炭火上烘焙约两秒钟，马上抬下翻茶使其受热均匀，再换另一组两人依次抬上烘焙、抬下翻茶，有时候也会有第三个烘笼，充分利用炭火轮流边烘边翻。每烘笼茶叶要烘翻200次以上，烘笼受到高温炙烤，叶片渐趋干燥，香气越发浓郁，直到叶面生起薄薄的白霜。工人在现场汗如雨下，这样的工作量，相当于在炎夏里走上十多公里路。经过三次炭烘的瓜片，形似葵花子，色泽宝绿，滋味更加甘醇有韵，是讲究茶客的最爱。

离手工作坊数里路，就是齐头山的蝙蝠洞。有人说蝙蝠洞附近的六安瓜片堪称极品，因为这里的土壤含有大量蝙蝠粪便。其实并不然，那些滋味甘醇的六安瓜片，分布于花草繁密的齐头山上。

喉韵深长的六安瓜片，有天地自然的气息，有爱茶人

的精耕细作，茶汤有齐头山上的雾气、火山岩矿的厚重与自然花香。能喝懂一杯茶中的滋味，就是对手工制茶人最好的回报。

九江庐山 〉匡庐绝顶 云雾入盏

提到江西的茶,一定绕不过庐山云雾。庐山坐落于江西九江境内,这里是"三江之口、七省通衢"的要处,又称"天下眉目之地"。匡庐之山,云雾变幻无穷,所产之茶香凛味久,正是高山绝顶之味。

探访庐山云雾茶,最佳时间为谷雨前后。庐山之旷远只令人慨叹"不识庐山真面目",主峰汉阳峰海拔达1474米,高山雄浑静默。庐山之东,拥有"第一淡水湖"鄱阳湖,北衔长江,千水朝山,气势雄卓不凡。庐山所产之云雾茶,竟也沾染了清冷凛冽的花香。

"商人重利轻离别,前月浮梁买茶去",在唐代,此地即为茶与瓷的商埠码头。明清时期,九江曾与福州、汉口同称"三大茶市",九江则是茶市之冠。

山间的东林寺为净土宗之祖庭,山下的白鹿洞书院则为人文之繁花、儒史之绝唱。山间多有唐宋古寺古观遗址。

庐山的茶园主要分布在赛阳镇、莲花镇、虞家河、威家镇、海会镇,此外还有星子县有名的东南茶场等。而高山茶园,则位于海拔超过800米以上的小天池、含鄱口、五老峰、汉阳峰等地。

山间转绕,越来越清冷。接近庐山植物园,这里是庐山云雾茶最具生态之美的产地。此中的高山乔木杜鹃,繁花锦簇,或洁白似雪,或红艳如火,皆有脱俗之美。这一片十余亩的漂亮茶园,水杉环绕,杜鹃、松枫层列,园间蕨草肥美,据说所产的云雾茶只有极少数人能喝到。

这里的茶树有些年份了,枝干上的苔藓更映衬其苍老虬枝。落叶松软,腐土肥厚,竹枝便从茶下黑土间钻出。阳光极好,从林间透下,撒播五彩的光。又听鸟鸣

信阳大别山 〉中原大山茶香浓

寻访信阳毛尖,就要从大别山的"五云两潭一寨"谈起:"两潭"指的是黑龙潭、白龙潭;"一寨"指的是何家寨;而"五云"特指车云山、集云山、云雾山、天云山和连云山,其中最有名的是车云山,那里是信阳毛尖的发源地。信阳毛尖有着深厚的历史底蕴,最早的记载文字见于唐代。当年信阳毛尖还曾获得巴拿马金奖。

中原的春天虽晚却也不失隆重,杜鹃火红,山野滴翠。河南信阳大别山,白色的块岩裸露,桐花怒放在纯蓝的天空下,水潭幽深。大山里的毛尖茶,有着甘醇的花香栗香。时近谷雨,正是茶人们最忙碌的茶季。

车云山,因山间风云翻动形似车轮而得名。村里有很多炒茶能手,炒茶的手艺代代相传。登顶螺蛳卷山顶,山峦起伏,车云山村恰在大山的环抱中。极目四野,皆是波澜般起伏的茶山,山坳里的村庄已被茶园包围。茶园里的茶树,主要有当地群体种、安徽槠叶种、黄山种等。

民国以前，信阳茶工在生锅中炒制茶叶时，习惯双手各握一只用竹枝制作的小茶把同时操作，久之十分疲劳，难以长时间坚持。1912年，制茶人吴彦远改用单个大茶把在生锅中炒茶，双手可交替"握把炒"，更有效率。之后再加入熟锅理条，熟锅炒时把茶叶撒开、甩出，如此反复，茶条更加紧直，色泽亦鲜绿光润。这种方法被纷纷效仿，流传至今。

信阳毛尖的早种半天采不到几两鲜叶。鲜叶回来后要筛分、摊晾。车云山的茶农会先使用滚筒机杀青，再经机揉，使茶叶条索紧细。之后正式用电动竹把炒制，竹把炒完后，再进入熟锅以手工炒制。六口柴灶铁锅一字排开，炒茶人坐的小板凳早已被坐得锃亮。几位炒茶的老师傅手上飞扬抖动，沙沙有声，茶条从"虎口"甩出，撒开抛到茶锅上沿，又滚回锅心，如此反复，手工抓条、甩条，抛撒压抖，七八分钟后，条索渐渐细紧、圆直、光润。

炒后的茶叶进入电力或炭火烘干程序，称为"打毛火"或初烘，以进一步使茶干燥，发扬茶香。

初烘后开始挑剔梗末。年轻些的女性，使用尖尖的镊子，细心挑拣枝梗、片末。因为信阳毛尖的芽头过于细紧，这样的活很费眼力。拣剔后还需复烘，间隔一天或三五天，等待回潮，以使茶味更加醇厚。人们选择果木炭或硬木炭，使用大铁铲，埋灰焙茶。焙窠与武夷山的极相似，不过灶台更高，火力偏弱。

信阳毛尖的新茶香气浓郁，杯中茶毫浮沉，芽头挺立。黄绿浓郁的茶汤有着经典的板栗香，饮一口，隽永甘醇的茶味长留喉间。

黑龙潭也是信阳毛尖的重要产区。黑龙潭水深且碧，山谷间紫藤花浓。黑龙潭村的茶场多为半手工制茶，使用机械茶把，熟锅理条和炭烘还用手工作业。黑

龙潭山顶上的叶家茶园,在大青树下有一间玻璃茶屋,可远眺群山。晨间雾气浓厚,似在云海;雨来时,群山隐约,如泼墨山水。

乘车颠簸至山顶。山顶有种植40年以上的本地旱种。300年前的老屋见证了岁月悠长,白色的古老石碑用浑厚的字体刻写着"岳峙""川流"。石基沉重,时光的皱纹刻写在瓦墙之间。

黑龙潭的信阳毛尖更有独特的兰花香。只需要用玻璃杯简单冲一下茶,只见茶汤清亮淡黄,茶毫浮现,轻抿一口,花果香幽细,清冽甜醇交织,不失稠质,回甘生津的一缕清凉,正是大山空谷的厚味。

湖北恩施 〉千年蒸青茶的一脉余晖

恩施,全称恩施土家族苗族自治州。恩施的芭蕉侗族乡,是蒸青玉露的主产区,地处武陵山区腹地。寻访恩施玉露,除了芭蕉乡,还可以前往东郊的五峰山及大峡谷下的屯堡乡等地。

恩施山间的雾气与清晨街道的茶香交织,一边是繁闹的街市,一边是脱俗的清气,这是恩施人的生活。

恩施玉露虽然沿袭了千年蒸青的工艺,但其本身的历史并不算久。1936年,湖北民生公司的杨润之将恩施茶的制作方法从锅炒杀青改为蒸青,使得茶的色泽更绿、滋味鲜爽甘美,故改名为"恩施玉露"。1945年起,恩施玉露外销日本,渐渐名扬于世。

蒸青茶有它特有的味道,香气虽不张扬,但滋味隽永,茶汤中带有类似海苔的气息,不染烟火气。

恩施的大峡谷,鬼斧神工。色彩黄亮的油菜花田与翠绿的茶园交错,像百衲衣一般铺陈在大峡谷间。三月的玉兰花在茶园边怒放,装点着这个生机勃勃的茶乡。

恩施玉露追求茶绿、汤绿、叶底绿"三绿"。采摘的芽叶须细嫩、匀齐,这样,制好的茶叶才能匀齐挺直、状如松针。恩施玉露一投入水中便迅速下沉,茶汤显绿、清澈明亮,更能在滋味上体现甘醇,叶底则色绿如玉。

蒸青是重要的一道工序,除了使用蒸青机,有时也会使用手工锅蒸。锅灶上木制的箅子层叠,蒸汽通过细筛孔来杀青鲜叶,平添了手工茶独有的味道。

蒸青后要立即扇干水汽,使叶温得以骤降,也使茶叶更绿润,然后进入铲头毛火的阶段。铲头毛火又叫抖水汽,茶叶放在120℃—150℃的水泥焙炉上,烘干并成为理想中的条索,叶色逐渐变得油绿。制茶师的手掌像铲子

般,铲头毛火、搓茶,精品的恩施玉露就在这一步步的辛劳中孕育诞生。

揉捻后还需要铲二毛火。这一步用铲的手法完成,手法与头毛火相同,唯制茶师的活动更为敏捷,扫叶更勤。

后面的整形上光工艺更为关键,又称为搓条上光。要体现恩施玉露紧细圆直的松针般的外形,关键就在于这一个多小时的搂搓端扎。站在灶台边,立即就能感受到烘炉的热量,即使不动也会流汗,对于整日工作于灶边的人而言,更是常人难以耐受的磨炼。不到两斤的茶要铲搓一个多小时,制茶师每个茶季都要经历这样枯燥而艰辛的劳作。他们手上的厚茧和水泡,汗水湿透的衣服,见证着艰辛与茶香间的转化。

唐、宋、元、明的茶文化脉络,几乎一直都是在充满意蕴的蒸青茶的煎煮点瀹中高歌低吟。直到明朝中晚期,炒青茶成为舞台主角,显露的香气成为人们的审美意趣,蒸青茶渐被人遗忘。但在茶文化的历史长河里,蒸青茶余音袅袅,至少我们还可以在湖北恩施探寻到蒸青茶留下的一脉余晖。如今,蒸青茶在日本、韩国都是很传统的茶,在中国也渐渐有更多人寻求它的滋味。随着时光的流逝,从"蒸之、拍之、捣之、焙之"的规矩与龙团凤饼的奢美,渐渐演化到今天,我们依稀能够在恩施玉露的海苔气息中,窥见厚重历史的幽幽辉光。

茶青送到茶厂。他们从早到晚一人只采得一斤左右的新鲜芽叶，须在天黑前送到茶厂。

采回的芽叶先放在一个大簸箕里，进行短时晾青。在下锅炒青前，要将茶芽中混入的杂质、大片叶、鱼叶都细细地挑拣出来。

像艺术品般的都匀毛尖，要经过严格的手工炒制工艺。炒青间里几口锅同时排开，炒青重要，烧柴火也很重要。推开炒青间的后门，烧柴火的师傅满脸是汗，脖子上披着毛巾，他得细心照顾每一口锅的火力大小。对都匀毛尖而言，火候的掌握非常关键，讲究"高温杀青，低温揉捻，中温提毫"。

炒茶的师傅满手厚茧，手背青筋显露，却灵巧有方。只见一斤左右的鲜嫩芽被投入锅中，顿时噼啪作响，茶芽抛起、抖散、落下，白色的水汽升腾，茶芽渐至芳香。

杀青后还有揉捻、搓团、提毫等工序，目的是让茶条卷曲，形成特有的"鱼钩状"。到最后炒干结束，整套工序约50分钟。茶季的晚上，村里灯火通明，人们都在通宵赶制新茶。一锅又一锅的茶炒好，天也就慢慢亮了。

炒好的都匀毛尖，先与木炭或石灰一起短时陈放几天，以吸收茶叶中多余的水分。最后，装入白色的棉质纸包，纸包上盖着手工制茶人的红章。每半斤的纸包内，就有两三万个芽头，荟萃了自然的美味和制茶人对每一芽叶的心血。

喝着这样的茶，就觉得奢华都已经沉入一杯。如果不是自然的恩赐，我们何以在茶中品饮到甘露般的美味呢？

雅安名山 〉"天漏"之城的甘露

雅安地跨四川盆地和青藏高原,是"川西咽喉",也是"西藏门户"。久远的故事随着青衣江水流淌远行,在这汉藏交界的重地,茶是甘美的饮品,也是一部厚重的历史绘本。

雅安的蒙顶山,称得上是四川最古老最有影响力的茶山之一。蒙顶山古名蒙山,坐落在雅安市名山县境内。雅安被称作"天漏"之城,传说女娲补天的时候,这里的天空忘了补,所以一年中有300多天皆雨天。雅安茶历史久远,几乎可以说中国的茶史一开篇,就有雅安的章节。

蒙顶五峰环列,状若莲花,最高峰上清峰海拔1456米。天气清朗时,远远可以望见峨眉、瓦屋、周公诸山。传说蒙山在西汉时就开始植茶,蒙山茶至迟在唐朝就已成为贡茶,延续至清,千年来闻名遐迩,有"扬子江心水,蒙山顶上茶"的绝唱。高山的雾气霞光,使这里的茶格外甜美。

在当地民间,蒙顶茶历来被看作祛疾去病的神来之物。蒙顶茶被称为"仙茶",蒙顶山被誉为"仙茶故乡"。

带着仙气的蒙顶山,需要在安静时认真感受。云雾中的蒙顶最美,晨曦微露,全山浸润在弥散的云雾之中。轻雨中亦美,雨点敲打着数百年老树的枝叶,沙沙作响,仿佛整座山都在与你诉说。

蒙顶山最古老的寺庙永兴寺位于半山处,寺庙尼众不到10人。他们因循古法种茶、制茶,采茶的时候会念大悲咒,洒大悲水。寺庙初建于约1800年前的三国时期,唐代高僧道宗禅师曾在此植茶树、习茶艺,以禅法入茶,蒙山禅茶自此兴起。

有名的皇茶园坐落于蒙顶主峰的五个小山头之中,周围山峰形似莲花。蒙泉井位于皇茶园旁,又名"甘露井"。传说有龙隐藏井内,若揭盖朝井内喊叫,则山顶即刻下雨,"板揭即雨,板盖雨停"。

半山的金花村和毛家村,茶农依旧用柴火锅手工炒茶。茶叶的最后一道干燥工序,是使用炭火烘干的。这道炭烘工艺在永兴寺制茶中亦得以保留。

蒙顶山还留有一些老川茶品种,另有老川茶选育良种名山白毫、特早芽等茶树品种。现在蒙顶山的主要茶品有蒙顶甘露、黄芽、石花、毛峰等。

甘露茶采摘一芽一叶初展的鲜叶。蒙顶山的炒茶人先是在高温热锅里,用技巧掌控水汽的散失与香气的展现,待蒸汽渐现,青味转成花香,出锅揉捻,然后反复在锅里两炒甚至三炒,出锅后又揉。如此精致的工艺令甘露茶条索紧卷温润,身披白毫。冲饮时,汤碧微黄,花果香馥郁令人难忘。饮甘露茶,宜用瓷质盖碗个人独饮,等芽叶汲水后渐次舒展,整座蒙顶山的雾气,就会氤氲在这一碗茶汤里。

着急太趋利。阳光下，这片茶园看起来那么原始，这种原始的状态或许正是最适宜的模式。

峨眉山老的群体茶种采摘时间晚，发芽不一，但是耐泡、滋味好，更适应当地气候。所以山里存留下来的数百亩老茶树，成为老茶客们的最爱。

峨眉的春花秋月、夏风冬雪，都有异于尘世的美。如果是雪天，茶园就会被白雪覆盖，天地间一片清寂洁白。峨眉高山上的茶，一年只采一季。单芽茶太奢侈了，峨眉的单芽茶，每一颗都要精心挑选，三四万颗芽方成一斤茶。

过于追求绿茶外形上的"碧绿"，就容易杀青不透，有生涩感。喝峨眉茶，不能只看单芽外形如何扁平或碧翠，更要懂得鉴赏它清甘芳醇的滋味。

峨眉茶是扁形炒青绿茶，摊晾后的鲜叶要杀青。如今制茶人多使用不停来回摆动的杀青理条机，将茶叶轻轻地上下抖开落下。为了让茶叶更扁平紧实，人们又用圆形棍子在理条机的槽里进一步压实叶形。

而峨眉手工扁形茶的炒制法，据老师傅说曾学习过杭州西湖龙井的工艺，这已经是20世纪50年代的事情了。春

天里那些少量的单芽茶,若以手工炒制,会分外辛苦。一口锅只能做几两茶,高温杀青、三炒三凉,其间抖、撒、抓、压、带条、做形、干燥、提香,炒好一锅茶至少要两个小时。就这样,才能换来峨眉茶的扁平、直滑、翠绿显毫、典雅美观。一个春季下来,制茶人的手总是要起厚茧的,正是这样的苦,成就了峨眉茶的清甘。

福建福州 〉花茶故里，几度春风

茉莉花的故乡在印度。在2000多年前的西汉，茉莉花先传入福州。及至宋代，福州茉莉花就已与茶配伍。清咸丰年间，福州茉莉花茶作为皇家贡茶，开始有了大规模商品化生产。

福州是"有福之州"，面向大海，春暖花开。在1000多年前的唐朝，福州就有很多植茶的记载：柏岩茶、方山露芽……当代福州，最有名的则是茉莉花茶。其芳华、清艳、灵气、甘醇，正如福州女子林徽因，正如这位女诗人所形容的"人间的四月天"。

茉莉花是福州的市花。福州茉莉花的品种有单瓣、双瓣、多瓣等。福州花茶被誉为"中国春天的味道"。在福州人的记忆中，其他茶再香，都抵不过冰糖香的茉莉花茶，尤其是对那些离乡几十年的福州老华侨而言。

改革开放前，中国出口的茉莉花茶95%以上为福州出产。20世纪80年代初，当品饮工夫茶还是稀罕事的时候，

福州茉莉花茶已经走遍大江南北。

三伏天里的太阳火辣烤人,花农异常辛苦。若值午间,烈日炙烤,需头披湿毛巾,加戴斗笠,以防骄阳晒伤。即便如此,一个花季下来,花农也总是满手满脸黝黑。

20世纪90年代末,花茶市场萎缩。与福州茉莉花茶同时沉寂的,是当年那些广袤的茉莉花田。

但无论市场如何逼仄,茉莉花茶制作的传统工艺在福州一直存留着。花茶需要窨制,工艺精细繁复,窨制一次前后就要三天。如果是九窨的茉莉花茶,最少就需要一个月。

除了福州,苏州、北京、成都、杭州,都有这样的花茶情结。1882年,台湾引种福州长乐的茉莉花,开始窨制茉莉花茶;1884年,四川从福州引种茉莉花苗;1938年,福州的窨花技艺传到苏州。后来这些地方都成为茉莉花茶重要的产区。

2014年,福州茉莉花茶传统窨制工艺被列入国家非物质文化遗产保护名录。

在福州仓山镇一座上百年的老房子里,茉莉花茶手工工艺省级非物质文化遗产传承人高愈正一家正在制作茉莉花茶。他回忆说:"我父亲当年就在这里制茶。"

高愈正与高愈端兄弟俩的花茶厂,带着浓重的地域文化印记。城郊院落里的一壶花茶,用的是大红大绿的开水壶和最简单的飘逸杯,出来的却是正宗的冰糖香。他们使用带滚轮的铁桶式焙窠和炭火来烘干花茶,而这样的传统炭烘方式,不知道还会延续多久。

傍晚5点多,阳光依旧浓烈。这时候,新鲜的茉莉花就送来了,天蓝色的丝网袋里盛载着满满的花香,高家人一起忙碌起来。

福州的三伏天,天气酷热,但茉莉花也最香。窨花亦

极辛苦。今晚是第三次窨制了，用茶130斤，用花90斤。一层花一层茶，最后再用茶叶盖面。晚上茉莉花正要开，形成虎爪状，香悠长亦浓密。每道窨好后花茶分筛，再用炭火将茶烘干，最后匀堆装箱。

"为了追求鲜灵浓纯，每一道环节都马虎不得，茶坯炭烘，拣花要细，静置要松，拌花要均匀……"高愈端说，"半夜通花时花香浓得醉人，再累也是享受。""别人说茉莉花茶制作过程中手工炭焙太麻烦，我感觉一点都不会。机器是快，但我还是会坚持最初的工艺流程，只有这样，茶才好"，高愈正说，"我现在就是把茉莉花茶当作一件艺术品来做。"

离开时，我们每人得到了一束茉莉花串，花香甜美幽长，萦绕良久。

山东日照 > 茶生于"南方之北"

中国最北线的知名茶乡,还能有露天茶园的,当推山东日照了。山东日照地处北纬35°—36°之间,被称为"南方的北方",同时也是"北方的南方",茶树在这里还能勉强过冬。当南方百花开尽,山东的茶树还在缓缓等着萌芽生香。正是这样的累积,才有了日照茶醇厚甘甜的茶味。

陆羽言,"茶者,南方之嘉木也"。自古以来,茶一直生长在中国的南方。如果一路往北,能见到怎样的茶山呢?茶的极限纬度又在哪儿呢?

越往北,春天越迟越奢贵。往年冻寒,山东的一些茶山温度降到-20℃,茶的坚韧品性超越了我们的想象。

1966年,南茶北引,茶籽跨过长江、淮河,终于在山东日照扎根生长。这里最早的茶园,是岚山区的安东卫老茶园和丝山双庙茶园。

雾气中的安东卫老茶园,试种茶叶已经50多年了。这片老茶园面积不到十亩,茶树在南人看来并不高,但它却是北茶的一座丰碑。

  日照人最喜爱的还是日照茶，哪怕价格比他处茶高出许多，这是一种情结和骄傲。这里的茶园分拱棚茶、春棚茶、露天茶，前两者在大棚中成长的时间都近半年，因此滋味比露天茶要淡很多。当然，最好的就是露天有机茶了，很多茶客都在焦急等着它的出现呢。

  经过一个冬天的酷寒，大梁山的圣谷有机露天茶园今天首采。远处的山顶还隐约藏着雪，已经四月，风劲吹衣袖，云雾之间深藏着冬天的冷意。高冷云雾中的茶叶积累了厚重滋味，这片茶场通过了国内有机认证与美国雨林认证。

  向上走，风吹草垛，似有苍茫之感，周边种上的树还没有完全成活。裸露的山石间，拨开草丛才可以看得到低矮得不能再低的茶树。这是前两年用茶籽播育的茶苗，匍匐于地面寻求每一寸生机，在山岩间尽最大的本能让生命延续。山头上的茶树有的不到十厘米高，有的冻得紫红的叶梗上只有顽强冒出的一粒芽。我们曾经不以为意的茶树茶园，在这里都显得那么珍贵。

  穿着棉袄采茶，也是这里茶山的一道独特风景。竹篓中为数不多的茶芽,需花费数小时在茶园里细细找寻方能得到。每一粒采后的茶,很珍重地从竹篓来到生产车间。车间很干净,前来参观的人员必须穿上白色工作服,洗净双手后才能进入。

日照绿茶大多为卷曲形的烘青,也有少量与龙井外形类似的扁平状炒青。扁平茶对原料要求更高,基本的工艺流程是:鲜叶摊晾后经300℃高温短时杀青,100℃的理条机内理条,压扁,辉锅,烘干而成,所以它的外形与龙井颇有几分相似,但炒青较透较熟,有兰花香,清甜不苦涩,稠度好。

日照茶的茶味比其他地区的绿茶要稠浓些,口感特别,清新鲜美,高温冲泡也不苦涩,滋味饱满,回甘快。

日照茶令人印象深刻,无论制成绿茶还是红茶,它们都有迥于寻常的底质,这也正是"南方之北"茶山的意义。

树干一味向上生长。我们仰起头，仍旧看不清树冠的全貌。若摘一片芽叶放到嘴里，会觉苦涩刺激，野气十足。

海南的野生古树茶是珍贵的自然资源，主要集中于五指山水满乡、红山阿驼岭、白沙南开乡等地，分布分散无序，多生长于人迹罕至的密林。近年这些密林都已封闭管理。

上山需要当地黎族人带路。穿行于一人高的蒿草丛间，需要拿着竹竿敲打路边，以吓走虫蛇。五指山蚂蟥也很多，尤其是在溪流或河沟畔。这里的野茶，令人憧憬，同时也带着不安。

我们与自然的联结，来源于生命深层的渴求。深山密林溪流花草，千百年来清风自然，谁了解它真实的一面呢？

山间流下细小的瀑布，前行的荒山似乎无路。蚁虫有自己的王国，来回奔忙拖运或寻找食物。我就在这里发现了多棵茶树。茶树枝干细长，与其他植株似乎无异，只有在碎落的阳光下，才能看清它们泛着金绿的色泽与明显的锯齿。

密林里有被毒虫咬到的小危险，但寻找到那些古老的茶树足以令人忘却一切。野茶默立于沧桑变幻的山林，微微的香，坚实的苦涩，淡淡的回甘。

这些野茶鲜叶采回来后，制成了蒸青绿茶。之所以按古老的蒸青法制作，因为这算是一次追崇与记忆。它带着密林的兰花之幽，将神秘的滋味封存于每一叶茶里。除了清甜滋味，还有典型的野气难驯。那是奇特的原始丛林气息，在天涯的山巅，它曾与瘴疠共存。

为了探访长在陨石坑里的白沙绿茶，我辗转跑到牙叉镇农场四队。这里的茶园上方是胶林，空气炎热见旱。徒步上到陨石坑顶，这是个数万年前留下的3.7公里见方的大坑，坑中满是茶树、橡胶、芭蕉与咖啡。路旁可见赤褐之石，似乎留着在星空失落烙下的旋涡，静静地与田园对视。茶园甚广，有数十年的历史，带着曾经的荣耀与今时的彷徨。

天气干燥，热带的气候使这里的茶树早早进入了采摘末期。低矮的茶丛有着顽强的生机，每一年它们都在积聚力量。

后来我喝到过白沙另一家茶园的有机绿茶。这家茶园种植管理更加天然，其茶滋味清甜甘爽。

行走茶山，我们常期待着那些美丽的山水溪涧，因为茶的妙味与自然浑然天成、密不可分。白沙绿茶与中国大部分地区的绿茶一样，是当地人最常饮用的茶品。它细嫩的芽叶与蕴含其中的热带气息，带着强烈的一方水土的性格。

林芝易贡 > 在世界的高峰看茶

犹如仙境般的西藏林芝,神秘而美丽。这里有中国最西部和最高海拔的茶,生长于海拔2000多米的高原上。林芝被喻为"西藏的江南",当人们的行程从"神圣之城"拉萨转向林芝,仿佛一脚踏入江南,路旁松萝叠翠,花草繁茂,牛羊肥美。

林芝的茶场位于波密县的易贡乡,路上需经过南迦巴瓦神山。雨季时常会遇上塌方和泥石流,公路窄处仅容一辆车子,路旁是奔腾翻滚的大河。早起驱车,直到傍晚,才能从林芝市区到达易贡茶场。

当一眼看到那些茶树时,会令人兴奋地喊出声来。历经艰苦行程,极目自然的伟岸秀美,当雪山与千年古柏交相映衬,那些期待已久的绿色精灵,在视野里蓦然出现了。

易贡农场的茶园分为三队,每一片茶园都堪称最美。云雾犹如仙女的面纱,缓缓飘浮。山脚的茶园四季清新,吐露着天地哺育的绿。从雪山融化的雪水汇成溪流,易贡河缓缓流淌,牛羊于路旁慢慢散步。

这里的冬天不存在霜冻期,雪也不会直接下到茶园里。易贡湖的水滋润着茶园,在异常湿润的雨季,茶叶翠色欲滴。如果是五月份,则是最美的季节,日照金山,翠色无限,直似人间天堂。

一队的茶园离外界最近。这里还存留着60年前的茶树,主干如盖碗一般粗壮,布满青苔,枝叶繁茂。二队的茶园里间植果树,就连路旁的花椒也香得沁人。茶园前就是铁山,铁山的铁矿制作的藏刀,是藏族人心中的宝刀。到三队的茶园需经过广阔的易贡湖,空气清冷,湖旁水草肥美,枯树耸立,让人觉得犹如身处阿尔卑斯山。面前是千年不化的雪山,经幡挂于高山,时而风雨密覆,时而晴光艳阳。

约60年前,茶树从四川雅安等地被引种到这里,慢慢有了规模种植。在当地茶厂,茶是拿柴火杀青的,或许因为这个原因,茶喝起来也特别香一些。厂区里也是云雾升腾,我们品饮了林芝春绿、云雾仙茶、红茶、细红茶和黑茶。

林芝春绿,有点像江浙的绿茶,香醇,幽细清甜,鲜美异于常茶。而以单芽制成的云雾仙茶扁平黄绿,清香幽细,有醇和的气息,丝丝清甜,回甘迅速。林芝也制红茶,茶的条索乌黑油润,金毫显露,入口甜细醇滑,香韵久久留于口腔。黑茶亦甜润,清活回甘。这几种茶,都能喝到一丝独特的咸味,这或许是微量的矿物成分对茶汤造成的影响。这也是林芝茶的独特之处,生态极好,一切来自自然。

饮完这些茶,那些路途的辛苦疲乏早已不见。窗外的易贡河仍旧云雾迷离,让人一时不知身在何处。

黄茶之乡

雅安蒙顶山 〉蒙山顶上的"蜜色蜜味"

蒙顶山位于四川省雅安市名山县,历史久远而富有名气。这里也是一座充满灵气的茶山,夏有云雾缥缈,碧色无边;冬则冰雪丝绦,山岗云绕。蜜色蜜味的蒙顶黄芽,经由独特的闷黄工艺制作而成。千载悠悠茶事的蒙顶山,流淌着绝妙的山水清味。

中国最常见的茶类是绿茶,而黄茶在绿茶的基础上多了一些轻微的发酵,是通过炒后再堆闷的制法来实现的。也由此,黄茶喝起来更醇和一些,茶性也温和,适合脾胃不好的人群。中国有名的黄芽类,包括四川蒙顶黄芽、湖南君山银针、浙江莫干黄芽和安徽霍山黄芽,前两者都由更精细的单芽制作。

蒙顶黄芽是蒙顶山茶的一绝,保留了很古老的制法。黄芽不好做,要在绿茶炒青的基础上再进行闷黄,传统工艺会使用特制的竹浆纸来包茶堆闷。闷黄轻了,即不绿不黄,会有青涩感;闷黄过头,又不红不黄,酵味太重。要把握好这个度,就要比制作绿茶花更多的心思。

三月底，正是制作传统蒙顶黄芽的时候。有人把"黄芽"称为"皇芽"，显示了它的珍贵。鲜叶的采摘有着严格要求：当茶园内有百分之十左右的芽头鳞片展开时，开采肥壮芽头，炒制特级黄芽。采茶有许多要求，如不采沾水芽，不采虫蛀芽，不采开口芽，不采带病芽，等等。随时间推移，芽叶萌发，可采一芽一叶初展（如鸦雀嘴状），炒制一级黄芽，采摘至清明后十天结束。每年春天，由山腰茶园采起，逐渐向山顶茶园进展，品质以山顶部为佳，故为蒙顶黄芽。

制作一轮黄芽，工艺确称精湛，须经过三次杀青三次包黄，完整工艺需用时二至三天。制作高山黄芽多在夜间，数口炒锅在室内摆开，经过短时摊晾的茶叶入锅炒制。黄芽制作亦先炒青，在炒青上亦提倡有足够的火温来提升茶香，边炒边适当揉紧。柏月辉是黄茶制作技艺的省级非遗传承人，他坚持蒙顶黄芽传统制作工艺，杀青后的茶叶以竹浆纸闷黄，属于湿闷——其他地方由于很难找到传统的竹浆纸，往往只能改用棉布闷黄。竹浆纸极不容易买到，其制作地远在川滇交界的深山里。纸张用新鲜竹片和石灰经传统工艺长时闷制而成，透气性好，无异味。闷黄的木箱是特制的，木箱里以白炽灯加热。炒后的茶叶用竹浆纸包好后放入其中，开灯多久、闷多久，视茶而定，从一两小时到四五小时不等。之后摊晾，再炒再闷。有的茶会经历四炒四闷，最后烘干，往往要等一个星期才能喝到醇甜的滋味。

蒙顶黄芽黄汤蜜味，闷黄足的干茶可见黄褐之色，油润有毫，味醇浓香甜，有甘蔗甜、玉米须香。

蒙顶山下也有不少制作黄茶的厂家和农户，他们都在炒制蒙顶山茶，将当年皇家茶园的仙芽交由寻常爱茶人。

岳阳君山岛 〉洞庭湖的舞蹈精灵

君山银针产在湖南岳阳君山岛。君山,古称洞庭山,又名湘山,是洞庭湖中的小岛,总面积仅0.96平方公里。作为六大茶类中独成一类的黄茶,君山银针的产量与其他茶类相比少了太多。

只产于君山岛上的这款黄芽茶,形细如针,味甘而醇。泡在玻璃杯里的君山银针,可以见到它的"三起三落",如洞庭湖的精灵在舞蹈,自由舒展。

早在唐朝,湖南岳阳就有名茶。春天的洞庭湖烟波浩渺,三月的柳絮如花,湖畔汴河街商业繁华。相传小小君山岛旧时有五井四台三十六亭四十八庙,而今这些亭台楼阁、晨钟暮鼓皆成烟云。连接君山岛与岳阳市的陆路只有一条,丰水期还经常会关闭。所谓"白银盘里一青螺",正是茫茫湖心君山岛的绝美景观。

一枝独秀的还有君山岛上的茶场。这是岛上唯一的一家茶厂——岳阳市君山茶场,其前身为君山茶示范茶场,1952年这里就建厂产茶了。古朴的庭院正是君山御茶园,亭台楼榭,皆是江南园林的风格。

君山银针品质独特,与君山岛上特有的气候、土壤及生态环境密不可分。美丽的洞庭湖为它的儿女深情地留下了湿地、森林与茶,还有各类水鸟、纷飞的柳絮、火红的枫叶……

岛上的砂质土壤有利于涵养茶的内质,而凭借洞庭湖水、云蒸霞蔚、水雾弥漫,更使茶味甘冽天然。茶园里植被茂密,阳光从林间射下,映照在尖细幼嫩的茶芽上。茶树之下,随处可见漂亮的蕨草与兰花。

高孝祖是君山茶场黄茶加工技艺非物质文化遗产第三代传人。他介绍,采茶多从三月初开始,君山银针采摘的标准为早春的首轮嫩芽,必须为饱满的单芽,"平均每斤茶叶需要4万个芽头",可以想见其采摘之艰辛。

鲜叶摊晾后会进入杀青环节,手工杀青在斜式的铁锅中进行。待青气消失,发出茶的清香,即可出锅。出锅后须盛于小篾盘中,轻轻扬簸数次,散发热气,摊凉后再进入初烘。

初烘要放在特制的炭火炕灶上进行。茶叶放在竹盘上,烘茶的温度并不像岩茶那么高,烘的时间也短,半小时内烘至五成干即可。因为接下来,还需要利用有一定湿度的茶叶进行闷黄。

闷黄正是绿茶变成黄茶的秘密。闷黄并非高温闷,而是自然闷黄。72个小时的闷黄,分成两次,一次为48个小时,一次24个小时,中间要补一次火。

初烘叶稍经摊凉,用牛皮纸包好(历史上曾用竹制的皮纸),然后置于箱内,这就是初包闷黄了。初包闷黄会经历两天两夜,慢慢地,君山银针特有的色香味就出现了。

讲究的君山银针工艺,还要经过短时复烘,烘至八成

干再行复包。复包方法与初包相同，历时约一天一夜，待茶芽色泽金黄、香气浓郁即为适度。这时候，就可以把茶焙至足干为止。完成整套制茶工序前后用了约四天的时间。

成品君山银针外形似银针，颜色亮黄，白毫显露，甚是可爱。汤色黄白清亮，叶底匀齐、单芽挺秀壮硕，茶味清甜回甘，有熟板栗香，类似煮玉米的香气。

产于小岛上的君山银针，产量太稀少，制作又如此繁复，市价高达一两万。正像有人笑称的，君山银针最大的缺点就是贵。但很多爱茶人，为喝到一口正宗的君山银针，也在所不惜了。

饮一口君山银针，澄澈的茶汤带着微微的蜜香，似乎山林间的阳光与花香都融入其间了。

德清莫干山 〉春秋铸剑遗茶香

莫干山是天目山余脉,海拔高,空气绝佳,带着蜜味的莫干黄芽便出产于此。春秋末年,吴王阖闾派干将、莫邪在此铸成举世无双的雌雄双剑,莫干山因此得名。

近年来,离杭州城不远的莫干镇成了著名的民宿聚集地。此处清冷,云雾蒸腾,并不像是城镇,倒像是遥远安静的山谷。入夏,避暑游客尤多,这里一时间变成了杭州的后花园。

据唐靖《前溪逸志》记载,莫干山所在的德清县在清代就有了黄茶闷堆的工艺。这类黄茶产量一直稀少,20世纪50年代,由茶叶专家庄晚芳发现从而为外界重新认识,70年代末,由庄晚芳和浙江大学张堂恒教授指导恢复生产并加以推广,正式定名为"莫干黄芽"。

在700米海拔的横岭生态茶园,还生长着上百年树龄的黄芽母树。后期有一些莫干黄芽茶树,就是由这棵母树剪枝扦插繁殖而来的。

莫干黄芽制作技艺代表性传承人汪祥珍老人,家里依

旧在炒制黄茶。早期的闷黄工序比较艰苦，系杀青后用纱布包好在烘盘边进行烘闷，时间不到一小时，但烘闷期间需要用手不断按揉、翻转，使叶受热均匀，劳动强度大，同时一不小心也容易失败。

莫干黄芽有五大茶场。碧坞茶场的沈云鹤曾申请了一个有机茶茶叶基地，出产的高山茶香烈味醇。制作莫干黄芽的有老茶厂，亦有不少农家，大多数农家习惯将鲜叶卖给厂家制作。

在茶厂的萎凋槽上，整齐薄摊着从各户人家收来的不同茶青，有各式品种，纸片上写着"张家山的龙井43号""杨家山的鸠坑早芽"等等。茶山还有各类早茶品种、本地鸠坑群体种等十多个品种。这些鲜叶摊晾的时长达10多个小时，然后经高温杀青后进入重要的闷黄环节。

经闷堆渥黄后形成的黄叶黄汤，带着蜜香，滋味甘醇，相比绿茶茶性更为温和。

在沈云鹤的茶厂里，师傅们以密实透气的棉布来闷黄，这便是我们常说的轻微的后发酵工艺。所谓闷黄，倒与炒菜有一些类似的地方，高温快炒菜就绿，炒菜时如果加了锅盖，闷的时间长了，菜就会变黄。这样子比方，人们就容易理解黄茶的工艺了。

选择热闷或温闷、冷闷，会出现不同的效果，中间亦需翻动三四道。闷黄时间从12个小时到72个小时不等，最后讲究用炭火烘干。

闷黄一天多的黄芽，包在棉布里的叶片已显金黄，尤其是鱼叶部位更为明显。莫干黄芽并不是单芽制作，一芽一叶初展的原料会更好表现茶香。闷黄后的茶叶还需要更进一步烘干。茶厂工人在这样的季节里非常忙碌，一夜的时光酿就了茶香。黄茶制作要花费人们更多的心思，好茶就是在这样的心意下呈现的。

乌龙茶之乡

南平武夷山 〉幽兰深涧,风骨丹山

武夷山以火山喷发形成的丹霞地貌遗世独立,这里也是"茶叶王国"。九曲流水,三十六峰、九十九岩,都生长着"月涧云龛"的茶。武夷岩茶制作技艺被列入第一批国家级非物质文化遗产名录,它的每一道工序,都精雕细琢,如同艺术品。

宋代的北苑贡茶出产于福建建瓯的凤凰山,那是中国茶事的巅峰,是千年前帝国极致的浪漫和华美。今日的武夷岩茶,秉承了北苑贡茶龙团凤饼的血统与骄傲——内蕴深厚的乌龙茶起源于武夷山,正所谓"溪边奇茗冠天下,武夷仙人自古栽"。

明末清初,此时谈工夫茶,"壶必孟臣,茶必武夷"。民国时1斤大红袍,能够换到6000斤大米。在今天,珍贵的武夷岩茶仍然是很多资深茶客的最爱。

武夷岩茶最核心的山场是"三坑两涧",即慧苑坑、牛栏坑、大坑口、流香涧和悟源涧。细泉漫流和风化的火化岩,为茶园土壤带来了特有的矿物成分与饱满内质。

事实上,干净的生态环境使茶树所具备的自然而蓬勃的生命力,是滋养我们身心的要点。"岩骨"更像是烈度的象征,是茶味给予口腔的"打击"力度,是从口腔到身体的感受。南怀瑾先生说"武夷山藏风聚气,故得此清阳之气",可谓深谙茶性。

武夷岩茶最常见的品种是肉桂、水仙和大红袍。与之齐名的还有四大名枞,如铁罗汉、白鸡冠等,每一个品种都有自己的故事。不同的岩茶品种有特定的香气与滋味,如肉桂的桂皮香和辛辣味、水仙茶的细腻花香、佛手茶的

雪梨味等。

　　武夷岩茶一般只做春茶，但时间上已经在谷雨立夏间了。岩茶采摘要等待驻芽后采一芽三四叶，这种成熟叶才有足够的香气与滋味，当然制作起来也更费心。

　　岩茶制作传统工艺被描述为13道工序，包括晒、摇、炒、揉、焙等，这些工序到今天依旧经典。为了保证岩茶清晰的花果香，特别强调短时的日光萎凋（晒青）。

　　最关键的是做青环节。做青包括摇青、做手、静置三个部分。要做出乌龙茶特有的花香、绿叶红镶边，秘诀就在做青工序里。手工制茶时，鲜叶在水筛内呈螺旋形上下有序滚转，翻动的叶缘互相碰撞摩擦，使叶缘细胞组织受伤，形成红变。摇青后有所谓做手的方法，即用双手掌合拢轻拍茶青，使青叶互碰，促进叶缘进一步发酵。

　　整个做青过程一般从傍晚开始，持续到凌晨四五点钟。青叶一晚上要摇七八道，摇到叶脉透明，叶缘出现朱砂红，也就是"三红七绿"。此时已近凌晨，疲惫的人们似乎又清醒起来，进入让青叶"脱胎换骨"的炒青阶段。

　　炒锅的温度极高，炒法讲究，下锅时噼啪有声，蒸气

慢慢弥漫在叶间。数分钟后,随着炒青师傅一声喊,揉捻茶工上阵了。

岩茶的手工揉捻是件体力活,是壮汉才能做的事情。岩茶以特有的竹枥进行揉捻,只见揉茶工站稳了,双腿分开,在半睡半醒之间振奋精神,左右手交替顺势用力。揉后解块抖松,再行复炒,复炒时锅温略低,时间约30秒。老茶师翻叶的动作娴熟优美。手工双炒、双揉,形成岩茶独特的外形,所谓"蜻蜓头""蛙皮状",就是这样子慢慢形成的。

初焙也称"走水焙"。在焙间,能看到焙笼、焙筛抹灰刀、火钳等"十八般兵器"。焙间太热,焙茶师颗粒大的汗密密沁出,裤子亦湿透。初焙后摊晾茶索,后又再复焙至足干,这些都是初制的过程。

现在依靠制茶机械,岩茶可以实现规模化生产。人们会将初制阶段含水率约为6%的毛茶存储到过了梅雨季节,再进行拣剔、拼配及焙火等精制工序。

精制阶段的焙火可以一次到位,也有人选择两到三次或更多次数的焙火。焙火的功夫到位,茶叶香沉水底,汤

水厚稠,韵味足,久储也不返青。

岩茶是这片丹山碧水给予的清气与风骨。在上好岩茶香清甘活的滋味里,也能喝到制茶人对茶的深切挚爱。

泉州安溪 〉戴云山间 圣妙甘露

福建省"北有大红袍,南有铁观音"。近300年前,铁观音茶出现于世,盛名流传至今。海拔达1000米的西坪是铁观音茶的发源地,大山旷远而充满传奇。除了铁观音,安溪本地还种植有梅占、本山、毛蟹、黄旦、佛手等茶树品种,但唯有铁观音风靡全中国。

"未尝甘露味,先闻圣妙香",茶客们深深迷恋于铁观音的香气,有时清雅如兰,有时馥郁如桂。上好的铁观音,汤质细腻甘滑,茶韵袅袅不绝。

除了铁观音发源地西坪,安溪知名的茶乡还有感德、祥华、剑斗等镇。在感德镇,有更多充满创新的工艺,制茶的机器更为现代。而剑斗镇的茶叶,则很流行略带酸味的创新工艺。

高海拔的祥华镇各个村寨,梯田里种满了茶树。在祥华东坑村,除了传统种植与管理方法,这两年也开始有人尝试不过度干预、让茶园与花草林木和谐共生的自然农法,这会给茶树带来与众不同的生命力。

铁观音会采四季茶,其中春茶和秋茶最好,滋味饱满、香气悠长;若是夏茶和暑茶,则滋味多淡薄且带苦涩。

铁观音的制茶技术世代相袭传承,茶农相互间也会比赛切磋。茶季时炒茶的师傅睡眠极少,这是一段辛苦的历程。铁观音和其他乌龙茶的制法大同小异,从采茶开始,要经历晒青、摇青、炒青、揉捻、烘焙等工序。"做成一道好茶,技术因素占了50%",堪称珍宝的是手艺。现在铁观音重视清雅花香,所以在乌龙茶最关键的摇青这一道工序,往往只做二到三手,而武夷岩茶多达七八手。

讲究兰花香的铁观音,从阳光晒青开始慢慢呈现花

香,叶片在凋萎与鲜活间轮回。在夜间,静置后的轻度摇动,让梗与叶脉水汽青气消散,花香隐伏流动。淡淡的绿叶红镶边会出现于第二天的清晨或上午。经高温杀青后揉捻,烘热压形又团包,就有了明显的"蜻蜓头、青蛙腿"。

茶季里,焙烤、试茶都在不停地进行。农家炒茶的香味,在夜风拂过时,瞬间萦绕于夜空。清晨6点多,窗外仍然有茶叶揉捻之后摔包的声音,制茶人又度过了一个不眠之夜。而村里的妇女,都早早地醒来忙着家务。

也有少数人只喜欢用传统制法(发酵足、更熟化)做出的铁观音,这需要六七手摇青和炭焙的工艺。这种红汤的铁观音在陈年茶中更常见,喝起来更像是武夷岩茶。在20世纪90年代之前,铁观音并不是紧结的颗粒状,而是舒展飘逸的条索,有着深红的茶汤和浓厚的滋味。

安溪铁观音是茶界的传说,从福建南部开始的茶香,流传到大江南北与世界各地。今天的它也许有点消沉,但很多人依旧在每个茶季关注它。

时间让万物生发变化,枯萎或重生。茶味源于阳光厚土,要有美好的山林,才能有美妙的茶味。而我们奔向繁华的脚步也要放慢一些,才能更好领略一路芳菲。

潮州凤凰山 〉潮州凤凰飞，单枞滋味长

潮汕饮茶风气浓厚，"潮汕工夫茶"是一种符号，更是鲜明而浓烈的生活。凤凰单枞因产于广东凤凰山而得名，在畲族起源的凤凰之地，有3000多株老茶树，有苦浓而极致芬芳的茶香。

广东潮汕人饮茶颇浓，投茶多得会冲抵至壶盖。外人品来是浓苦之味，他们却甘之若饴。如今的潮汕地区范围包括潮州市、汕头市、揭阳市三个地级市。隋朝时，此处因地临南海，取"潮水往复之意"，首命名"潮州"，其后此名沿用了1000多年。经潮州城流过的河叫作韩江，其得名与唐朝大文学家韩愈有关。

古城墙之内，是潮汕人热闹的生活。城内茶铺众多，茶铺门口的大铁罐盛装着各种独特香型的单枞，上面书写着：蜜兰香、玉兰香、芝兰香、栀子花香、茉莉香、桂花香、杏仁香……

潮汕人喝茶的习惯深入骨髓，再艰难的年代都要喝茶；再忙碌的间隙，也要回过身冲一道饮一杯再继续忙碌。炭炉或电炉，再加一把潮汕朱泥壶和数枚小杯，就是

潮汕人生活中最寻常又重大的仪式。炭火之上的红泥小铫，煮水稍慢却把茶泡得极为精致。

与其他地区的乌龙茶相比，潮汕乌龙更讲究香气，尤其是品种香气。传统的潮汕乌龙茶等级划分中，最高等级的是凤凰单枞——它有清晰和明显的品种香，其次是凤凰浪菜，最后是凤凰水仙。所谓凤凰单枞，是早期从凤凰水仙（群体种）中单独选育出来的极品。20世纪90年代后，随着无性繁殖技术的推广，单枞已不再是单株采制，真正讲究单株采制的只有单枞的那些母树或古树了。

凤凰单枞的滋味，更接近于山野的气息。它与武夷岩茶和铁观音不同，武夷岩茶展示的是一种霸气，而铁观音更趋向于清雅。

凤凰山是畲族的发祥地。节日里，畲族女人们就会盘起凤髻，穿上传统的民族服饰。在凤凰山上，有3000多棵古茶树。凤凰山的主峰名叫凤鸟髻，而最有名的产茶地则是次高峰乌岽山。海拔1200多米的乌岽山，山体并不陡峭，而是略显旷远，与远处的凤鸟髻山头遥相对望。

乌岽山李仔坪有最老的"宋茶"，传说有六七百年的树龄，可惜在2016年秋天枯死，现在是扦插繁殖的后代。离宋茶不远处还有一棵宋种蜜兰香，树势高大，枝繁叶茂。而在中坪、大庵，还有通天香、鸡笼刊、宋茶2号、竹叶母树以及其他树龄超百年的老树。这一类古老的茶树，已经非常珍稀，所产茶叶价格也奢贵。

新种植的茶树称之为新枞。新枞的茶味偏短，滋味多停留在口腔的前半部分，而老枞或古树茶的滋味却充沛着整个口腔，山韵蜜香更悠长持久。

离桂竹湖不远，就是乌岽山天池。天池深不可测，有很多关于它的传说。在通往天池的路上，可以看到不同形态的茶树树种，有的高大如伞，有的瘦弱娇细。在凤凰单枞的品名中，除了以香型命名的外，还有很多是因树形而得名，比如"大丛茶""团树""鸡笼""大草棚""娘仔伞"，不一而足。

老茶树就从堆砌茶园的石缝之中长出，随着岁月流淌，茶树愈加高大。两三百年的时光，它们记录了几代人的希望与守候。

好原料也讲究精细的制作。单枞的制作与武夷岩茶一样，要经历晒青、做青、杀青、揉捻、烘焙等繁复的工序，同时更注重条索的紧细与香气的表达。要做出好的香气，阳光晒青很重要，因此乌岽山的茶人家常因山上雾浓，不得不辗转几十里到山脚下找场地晒青，遇到阴晴不定的天气，就更加辛苦。单枞优异的香气底质中，常隐约可见一丝苦味，这丝苦或许正是制茶人辛苦的写照吧。

台湾冻顶山 〉高山韵与花果香的故里

台湾的茶及制茶工艺是从闽北的建瓯、闽南的安溪等地传入的。闽台两地地缘相近、血缘相亲,有着共同的文化基础。台北街头那些古旧的骑楼,会让人觉得自己仿佛行走在泉州的街头。在台北大稻埕,有古老的百年老茶号茶庄。这些相承百年的茶行,是带着妈祖的信仰,从闽地漂洋过海而来的。

南投冻顶:乌龙茶的世家

冻顶山位于台湾南投县鹿谷乡,离台北并不远。这里的茶与福建有着莫大的关联。冻顶其实是"崠顶"的误写。四月里,1000多米海拔的冻顶山并不"冻",只需要穿着一件薄的长袖。山上种满槟榔树,槟榔树下零星分布着茶园。不远处的中央山脉挡住了寒风,开山庙就在附近,老茶树也还在,100多年前的故事耐人寻味。

相传清咸丰五年(1855),鹿谷乡人林凤池赴福州应试,中举还乡时,带回福建武夷乌龙茶苗36株,种于冻顶山等地,逐渐发展成今天的冻顶茶园。

彰雅村冻顶巷是冻顶乌龙的核心原产地。在冻顶巷

的茶家，能喝到传统炭焙的乌龙。苏家是冻顶巷极少的坚持保留手工锅炒冻顶乌龙传统的人家，他们的祖上来自福建漳州南靖。苏文昭老人的手炒功夫在当地相当有名，儿子苏邦怡亦擅长手工炒制工艺。300多度高温的锅炒后，茶叶以布包好，包揉时脚踩棉布袋上，团团转动，一点点揉压紧实，之后用炭火焙干。

伴随20世纪70年代机械制茶的出现，台湾乌龙越来越讲究紧结成圆球的外形。纯手工揉捻（实际是用脚揉）不是一般人能做好的事，所以手工揉捻大多只在平时偶尔演示一番了。

南投鹿谷乡除了冻顶乌龙，还有生长在海拔1500米以上山林的杉林溪茶。这些年，杉林溪高山茶的价格已超过冻顶乌龙。

文山包种：南港的老屋与坪林的好茶

1885年，福建安溪人王水锦和魏静时来到今台北市南港区大坑一带，在该地种植茶树。这使南港成为台湾北部包种茶的发源地。

南港大坑就在箕簸湖内，村头还有一棵古老的樟树，留下几幢很少见的石屋土墙。茶农的祖辈清末自福建安溪来到此地。当地做茶的手法几经变迁，却始终没有改变乌龙茶的萎凋、做青等基本工序。

阳光下，空气中散发着艾蒿和蒲公英的味道，紫外线很强。如今，台湾茶山的劳动力越来越少，多用机采，或请外籍劳工。乌龙茶的制作依旧需要耗费一个不眠之夜。

初夏的夜晚，桥边飞舞着萤火虫。

瘦而精干的茶园主人，在陈旧的土坯房制作茶叶。经短时阳光萎凋之后的茶叶被放在室内静置，接下来是摇青与做手相结合的工序。当地人使用煤气进行杀青，还保留着旧式的杀青机和揉捻机。

坪林是文山包种的主产地。南港高工校的杨老师自己留了片有机茶园，用于制作包种茶。因为采用不施肥不杀虫的自然农法，有机茶园的产量只有别人的三分之一。红枫的种子在茶树间生根成长，杜鹃花正美，远处云遮雾罩。茶园里的大叶种紫芽佛手、小叶种白毛猴和经典的青心乌龙都很有活力，摘茶的人也充满喜悦。

台北木栅：老茶树与鲁冰花

木栅是台湾铁观音的原产地。这里的铁观音还保留着传统发酵与焙火，带着浓重的焙火香气，汤色红浓，滋味甘醇。

300多年前，福建安溪人张迺妙将茶树树种与制茶工艺从他的家乡传入木栅。之后，木栅人种茶、制茶，代代相传。沿着猫空漳湖步道的石板路，沿途可以看到数片茶园。茶园里瘦高的铁观音茶树未曾修剪，姿态奇特。在台湾，以铁观音品种制成的乌龙茶称为"正枞铁观音"，其他如青心乌龙品种按铁观音工艺制作的茶，也可以称为铁观音。

人们还会在茶园里种植豆科类植物鲁冰花。鲁冰花开花的时候，成片金黄，摇曳多姿，刈割后则可以用作绿肥。

阿里山：云雾高山里的农耕

阿里山茶主产于阿里山乡、番路乡、竹崎乡、梅山乡等地。阿里山地区的人们对制茶有很多讲究，还会就茶的

品质进行各类评奖。在梅山乡，采茶工大多来自越南、泰国等地。他们习惯在采茶时将刀片粘在食指上，这样采摘更有效率。

阿里山的自然村落常年云雾围绕，美而安静。阿里山乌龙茶的工艺更偏向轻发酵，所以萎凋的时间短。茶青只能看到边缘淡淡的破损，并没有明显的红边。而茶叶所呈现的圆球紧结的外形，是使用团包机来操作的，团包的工序耗时长达六七个小时。

在阿里山乡著名的石棹、龙头、隙顶，都有美丽的茶园。至今在阿里山茶的包装上，还会印上老旧的阿里山火车站。曾经，嘉义火车站与阿里山火车站之间的连接，充满浓厚的人文意蕴。

雾气深锁，萤火虫飞舞，这是一座令人难忘的茶山。生长在这里的茶，汤质细甜，甘香清雅。最有名的阿里山珠露茶，汤色金黄，有雨雾的气息，又有桂花的香气，仿佛就是山间露珠的化身。

嫩绿翠美,不知已在崖壁与云雾间驻守了多少年。山里多寺院,寺院的出家人修行,也采茶、制茶、泡茶、饮茶,以茶结缘。

在离景区不远的太姥山镇方家山,资深制茶人方守龙以日光玻璃房来萎凋做茶。这样的萎凋房能通光、调节风力、蓄积热能,摆脱了雨天制茶的困扰。方家山的白茶,从2003年后按欧盟有机标准种植管理,滋味醇厚而甘甜。

太姥山是白茶的源流,但产量并不算大。近年最受追捧的福鼎白茶原料产地,在磻溪镇和管阳镇。磻溪多高山茶,有抛荒多年的茶林。管阳海拔较高,有很多早期茶园。这些茶园砌有石头护坡,以保护水土。

福鼎白茶的最大的产区和集散地在点头镇,位于八尺门内湾。清末时,白茶就已经由此地通过水路运至福州港,再行销至世界各地。到了近代,白茶在京津地区的热销,也是由点头茶商引领带动的。这里有最热闹的鲜叶交易市场。凌晨4点多,市场里就已灯火通明,人头攒动,茶农们挑着一担担的鲜叶寻找买家。

时光倒流,1857年,茶商陈焕在太姥山发现福鼎大白母树后,带回繁育的地方就是点头镇柏柳村,所以柏柳村又被称为"白茶第一村"。在柏柳村,福鼎白茶制作技艺传承人梅相靖老先生依旧保持着炭火烘焙白茶的习惯。白天用方长的竹匾晾晒白茶,萎凋好后夜晚再用焙笼炭烘,一直要持续到深夜。

对于近代福鼎茶叶史而言,白琳镇的声望曾经更响。带有橘子香气的白琳工夫红茶曾和政和工夫茶、坦洋工夫茶并称闽红三大工夫茶。民国时期的省级示范茶厂和新中国成立后的福鼎国营茶厂也都设立于白琳镇。今天白琳镇多制白茶,白琳工夫红茶已难觅影踪。花茶热销时,这里也曾大面积种植过茉莉花。福鼎当年也热销炒青绿茶,20

世纪30年代,白琳镇的莲心绿茶就曾名闻海内外。

福鼎大白和福鼎大毫都属于大叶种,芽亦肥壮,用于制作单芽的白毫银针、一芽一二叶的白牡丹,以及成熟叶的寿眉,而群体种原料(小叶种)多用来制作贡眉。白茶制作工艺的核心在于萎凋和干燥。萎凋对白茶来说太重要了,时间需要二至三天,依靠轻微的阳光萎凋并进一步在室内晾干。

传统的萎凋,要随时关注当天的温湿度、日晒强度、风向与茶叶本身的变化。顺应这些变化,人们忙碌地将竹匾搬来搬去,并调整茶叶堆放的厚度。后期,还要再闷堆并最后干燥。好茶不易得,秘诀在心敏手巧之间。

福鼎有千百个小茶坊,有隐于民间的制茶痴人,有无数寻找机会的茶人。今天,福鼎茶的故事和昨天一样精彩。

南平政和 〉大山深处，凛然茶香

> 白茶源自福建，政和亦是经典的白茶产区。这里山多，所产白茶滋味厚重，有山野气息。

政和白茶常依赖自然风干。手工制作的白茶，在竹匾上经历着忙碌而有节奏的历程。

政和县产茶历史久远，县名亦因茶而起。多才的宋徽宗酷爱点茶，他的政和年号给了这个原来叫"关隶"的地方，关隶县从此成了政和县。政和位于建溪之畔，在宋代，建溪流域为中国茶叶创造了奇迹。从龙团凤饼的顶级奢华走到今天，这里的制茶技艺一直处于前沿。

清光绪五年（1879），铁山村人发现了政和大白茶（一说是在咸丰年间发现的）并加以大量繁殖推广。陈椽在《福建政和之茶叶》一书中记录了当时的繁盛茶事："政和茶叶种类繁多，其最著者首推工夫与银针，前者远销俄美，后者远销德国；次为白毛猴及莲心专销安南（今越南）及汕头一带；再次为销售香港、广州之白牡丹，美国之小种。每年总值以百万元计，实为政和经济之命脉。"

如今，政和全县多种植政和大白与福安大白品种。政和大白种茶树，植株高大，叶形椭圆而厚，芽叶肥壮，茸毛特多，制出的白茶滋味更为醇厚，亦鲜爽，是许多白茶爱好者的最爱。

政和山多，白茶的品质就有了山野气，至今仍有很多茶叶藏在深山不为人识。主产区有铁山镇，山高林茂，所产之茶滋味甘醇；亦有石屯、东平两个乡镇，所产之茶有高山气息。而岭腰乡锦屏村，涧水美而澄绿，人称"翡翠锦屏"，则是政和工夫红茶的发源地。此地有政和最高峰香炉尖，多古民居、古廊桥。

政和当地最有特色的建筑就是板房、廊桥。前些年白茶的萎凋,多是在这些通风良好的板房、廊桥内阴干。

在杨源乡筠竹坑,有一座特殊的茶山。过了筠竹村口的廊桥,再往里走,便是仅宽一个车道的山间小路,这是披荆斩棘开出的路。过了休息地后只能步行,沿原始林的小路溯溪而上,便来到一大片野生茶林,见过的人无不为之震撼。这里海拔1200多米,早年猎户狩猎时偶然发现了这片野茶林，数千棵野生古茶树顺着溪涧生长。这片原始阔叶林里的政和大叶种茶树，芽叶肥壮，叶圆而厚，有五六米高。它们天生天养，没有人工干预，最符合理想主义者的观念。

这里的茶园只采春茶，下雨天停采。上了年纪的采工将鲜叶采好后，会先将其堆放在简易铁皮棚里的厚布上，傍晚再运到几十公里外的茶厂。茶厂在乡间，面前是一望无际的稻田。这些荒野白茶的萎凋时间甚至要一个多星期，因此茶味足够稠厚。厂房的屋顶是可以翻动的，利于掌控阳光和风力。需要时，还可以"一键启动"把萎凋架从室内延伸到户外，让茶叶直接接受阳光萎凋或北风吹晾。做茶本没有固定的方法，需要不断体验自然的变化，再根据老天爷的指令去顺应它。

政和的大山，隐藏着无数美好的珍奇，需要用心人来对待。那样的一杯茶里，没有污染，没有索取，只有质本洁来还洁去的质直芬芳。

红茶之乡

武夷桐木 ▷ 风靡欧洲皇家宫廷的正山小种

武夷山以茶闻名,是全世界红茶的发源地。而红茶的鼻祖——正山小种,则来自武夷山的桐木关。

约400年前,荷兰人开始将中国茶转运至欧洲。1662年,葡萄牙公主凯瑟琳嫁给英国国王查理二世,她的嫁妆就包含了221磅贵重的桐木红茶和精美的中国茶具。此后,英国皇室对桐木红茶备加推崇,"下午茶"亦由此滥觞。

"正山小种",所谓"正山",指的是武夷桐木关以内的范围,"小种"则是特指野生的小菜茶树。正山小种茶味浓郁,其独特的烟熏味被爱茶人亲切地冠名为"桂圆香"。

武夷山桐木村的茶山海拔有1000多米,时常云雾缥缈,像一个世外桃源。人们说这里是"鸟类的天堂",是"世界植物活化石公园"。桐木山林间那些百年老茶树,随

山势散落生长在山谷溪涧边,鲜叶嚼起来都有兰花香。

在桐木关,除了有不怕人的猴群,林间还有黑熊和野猪出没。在这样一个雾气弥漫、天高且蓝的美丽山谷,茶树如精灵一般生长其间。这里是名扬中外的"正山小种"红茶的发源地和主产区。

这些高山上的茶树鲜叶,会用于制作烟熏的正山小种红茶和不烟熏的红茶。近年来人们还会采摘单芽,制作少量名贵的金骏眉。产于桐木关的金骏眉是价格最昂贵又最珍稀的红茶。饮一口桐木关的红茶,你一定能感受到它们独特的清甜甘美和高山气息。

桐木关有许多漂亮的茶村落。从保护区的关口进来,就可以看到散落的两层或三层木楼,它们是专门用来制作正山小种红茶的。因为用于制作茶青,当地人称其为"青楼"。烟熏正山小种是最古老的红茶,幸运的是到今天依然有人愿意费力来制作。

制作这种红茶,需要用到大块的松木,利用烧制松木的热气带上松木油烟加热青叶,使茶叶带上了松烟香。按传统工艺制作正山小种很辛苦,萎凋的工作多在夜晚进行,每三四个小时就要起床翻动鲜叶,一晚上睡不好;而在常年薰得乌黑的木楼内,不一会儿,松烟就呛得制茶人泪流满面。

在木楼里萎凋后的鲜叶,经过揉捻,放在竹筐里自然发酵。第二天,鲜叶就完全变红了,然后再放到木楼里用松烟烘干。制好的茶闻起来有一股松烟味,喝起来则是甘美的甜汤。

好的正山小种陈放一些年后,松烟味会变淡,桂圆汤香却会更浓,茶汤稠稠的,从杯子倒出来的时候就像油滴一样。想来,这是这片绝美的天地山林以及时间给它的厚爱吧。

祁山闻门里 〉花蜜群芳最

祁门红茶因为香高而名著，有人形容它为玫瑰香，有人形容它为花果蜜香，这些都是特有的地域、品种、工艺为祁门红茶带来的香气。

春天到来的时候，祁门牯牛降山际云遮雾罩，山间乡村古祠石桥，安宁静谧，活脱脱一幅新安派画家笔下的山水丘壑。祁门历溪水涨时雄浑，水落时柔美，山间落下的杜鹃花瓣撒满了湿漉漉的公路。

祁门的浮梁，自古就是著名的茶叶集散地。歙州茶与浮梁茶市是一段古老的故事，所谓"浮梁歙州，万国来求"。祁门茶通过阊江水运至鄱阳湖，然后可转陆运，也可继续顺长江而下。

据说祁门多铜矿、金矿、钨矿，这块土地很特别。祁门的春天，多细雨而轻冷，芭蕉、杉林与修竹下，细嗅湿润空气中的红茶香，会让人错以为是到武夷桐木关了。

其实，祁门红茶与闽红本身就有着千丝万缕的联系。大约在1875年前后，曾在福州府通商口岸任税官的余干臣罢官回到皖南，在池州的尧渡和祁门的闪里、历口等地，号召人们参照桐木关红茶工艺改制红茶。精妙的工艺，加上槠叶种特有的花果蜜香，使得这里的红茶终成佳话。

民国年间，祁门茶类已然丰富，品质亦值称赞。当年的祁门红茶曾获得过巴拿马金奖。今天，在祁门的街头，人们常会看到邓小平称赞祁红的那句名言："你们祁红世界有名。"高香的祁红，与印度大吉岭红茶、斯里兰卡乌伐茶一道，被称为世界三大高香红茶。

祁门红茶除了高香，亦不缺乏真味。祁门茶的香气与槠叶种的茶树密切相关，槠叶种富含一种香叶醇的成分，

香叶醇有玫瑰般的香气。

在历口公路沿途,就可见成片的茶园,也有不少的茶园藏匿于深山。而在新安的茶山里,会更觉清冷幽美,春季里枝头怒放的杜鹃,在满目滴翠中姹紫嫣红。

祁红的高香,得益于每一道制作工序的细节掌控。在手工制作的程序中,会先用竹筛分筛好芽叶的嫩度,接着

理种制成滇红，其茶带果酸，耐冲泡。

　　滇红的制作工艺很讲究。萎凋足够时，需闻到苹果香。发酵时间的掌控特别重要，发酵时间长了汤色易褐，香气不清爽，短了又会出青味。发酵结束后，多以机器烘干。

　　凤庆山里的李老先生，用土陶罐装一点茶，火上烤一下，再冲热水进去，立马热气腾腾，茶香四溢。这是云南人常见的烤茶喝法。20世纪五六十年代李老先生就在村里的茶叶初制所工作，他聊及早期滇红都出口到苏联，后期野生茶也曾作为边销茶销往藏区。

　　近年来开始流行的"大山茶"，因"千年古树"的概念越来越受追捧。伴随着古树茶的热潮，在凤庆这个古茶树遍地的产区，滇红也有了更深层的内涵。

黑茶之乡

梧州六堡镇 〉秘境六堡，水路山林味深永

　　六堡茶产于广西梧州，历史上横县、贺县也有少量生产。西江、桂江、浔江三江萦绕梧州古城，这里的茶很早就流传到东南亚各地。抗日战争时期航路中断时，泰国还曾仿制六堡茶出售。六堡茶的发源地在梧州六堡镇，因古代推行保甲制度，"六堡"因此得名。

　　梧州曾为岭南首府，有很多古老的故事，隐藏在梧州的牌坊街巷里。100多年前，因贫困和战乱，两广地区的很多人到南洋讨生活，六堡茶也随着侨民漂洋过海，在海外成为他们"寻常而重要"的饮品。在他们心目中，六堡茶不仅可以安慰劳苦和孤寂，甚至还可以治疗疾病。今天，在新加坡和马来西亚，不少侨民还会讲汉语、喝六堡茶，他们的很多生活习惯俨然就是梧州的传统。

　　梧州街头，人们喜欢饮早茶。有上百种早点可供选择，不变的是一定会再加一壶六堡茶。把茶融入与众生关系最密切的饮食世界里，茶也就植入于大众的深层记忆。

茶和食物的味道，是地域、风土、气候引发的身体需要。六堡茶能化油腻、去湿气，而梧州气候湿热，人们自然喜欢喝这样的茶。

茶农家中有各式六堡茶，如社前六堡茶、秋茶、二白茶、老茶婆，而最吸引人的还是陈年的原种老六堡茶。因为没有洒水渥堆，传统工艺的六堡茶刚制好的时候，汤色还是蜜黄的。为了让滋味更醇化、汤色更红浓，约在60年前，诞生了洒水渥堆的六堡熟茶工艺。但在六堡镇上，我们找到更多的是当地茶农遵从节气手工制作的传统六堡茶品，以及茶花、茶果和用于贮茶的老竹篮、老葫芦。

在六堡镇塘平村，韦洁群正在进行炒青、堆闷与烘干的作业。她是传统六堡茶制作技艺的国家级非遗传承人，从六堡镇的公社茶厂到自己创办的茶厂，从事制茶已经有40多年了。

在民间，一直保留有传统手工制作的六堡茶。以前村民称之为"农家茶""生六堡"，2019年6月正式实施六堡茶（传统工艺）的地方标准后，统一正式称为"传统六堡茶"。

摊晾后的鲜叶进入炒青，炒青之后需要在锅内堆闷并烘干。特殊的炉灶有上下两个灶膛，一个用于高温杀青，一个用于低温闷堆烘干。

梧州六堡茶有草木的芬芳和浓稠的滋味。新茶的蜜味令人印象深刻，香气那么甜，就像喝到蜂蜜一样。而陈年的六堡农家茶，经自然陈化后，茶味醇厚回甘。

农家传统的工艺只在毛茶阶段堆闷（杀青、初揉后进行），不洒水发酵，而厂茶则在毛茶基础上，再加上洒水渥堆的工艺，这就有点像云南的生熟茶之分了。

梧州茶厂是厂茶生产者的代表，以渥堆制作和个性仓储为特点。成立于1953年的梧州茶厂，是梧州地区最大和历史最悠久的茶厂。茶厂当年通过中茶系统外贸出口的许多茶品,已成为老茶的经典。从1958年开始的冷水渥堆发酵技术,让六堡茶具有了我们今天熟知的"红浓醇陈"的茶味特征。梧州茶厂1991年开始使用"三鹤"商标,至今已经30多年了。他们的茶因为有严格的窖藏仓储流程,防空洞仓储加木仓退仓处理,就自然带上了一股特别的滋味,有点凉味和微微的参香,容易辨识。茶厂使用冷水渥堆的茶,往往窖藏三年才上市。

在六堡茶的原产地,还保留着很多的原生品种,多为灌木型的中小叶种,也可以看到少量小乔木老茶树。离六堡镇约半小时车程的黑石山,是当地最有名的茶山,因为两块特别大的黑石立于山顶而得名。云雾使这里显得更有仙气,雾水也给茶带来了特别的甜度。

黑石山下的茶园,牌坊上写着"源茶记"。这里的原树种鲜叶会根据不同的时令做成各式茶:霜降茶、谷雨茶、社茶、清明茶、秋茶等等。节气节日与茶的关联,这是一种古老的习俗,也是人与天地运行之间的关联,有奥秘的深义。

很多人对六堡茶的槟榔香充满好奇。所谓槟榔香,需要用到原生的品种,加之以传统的工艺,并经由长时间陈储,槟榔香就会很明显。

西双版纳古茶山 〉普洱旷远的芬芳

云南的茶山,沿澜沧江流域如明珠般分布。在广阔的边陲,一层接着一层的山峦,隐藏着传奇。云南的古茶山主要在西双版纳、普洱、临沧三地市。西双版纳的古六大茶山是云南最古老、最原始的茶山,数百年树龄的古茶树,为这个世界流传奇妙的芬芳。

春分始,古老的倚邦茶山的空气中,飘来一阵阵茶叶将要晒干时的香气,像山里的野花香一样。这里的土壤草木、阳光雨露和风,隐藏在每一口茶汤的滋味中,让我们巧妙地与自然连接。

云南茶事的渊源与兴盛,要从以倚邦为首的古六大茶山说起。西双版纳拥有云南最古老的茶山和最大的古树茶产量。

从地图上看古六大茶山,西面是攸乐茶山,中间是革登、莽枝、倚邦、蛮砖茶山,东面是慢撒茶山(也称易武茶山)。

倚邦、革登、莽枝、蛮砖四座茶山坐落于象明乡。传说这些茶山的名字与2000多年前的诸葛孔明有关。现在的象明乡小而安静,唯一的一条大街不到十分钟就可以逛完,很难想象100多年前这里曾经繁华异常。

从象明乡顺着公路往北走,会先到达倚邦古茶山。从倚邦往西,就可以到达革登、莽枝古茶山。

人们用心手将大自然的风、云雾、阳光变成甘美的茶味。采撷一芽二三叶,经摊晾走水,最恰当的温度杀青,鲜叶炒熟却留有活性,再经过揉捻、阳光晒干,将青草气化为花蜜香。晒青后的茶还只是毛茶,需要进一步挑剔黄片和老梗,蒸后紧压成饼状或砖状、沱状等形状。这样的生普汤色金黄透亮,花香浓密。普洱生茶讲究后期的转化,经多年后,香沉味醇,更有化感。这也是茶的生命在

时间流逝之后的再一步升华。而熟普则需要在毛茶的基础上，经过一个多月的洒水渥堆、翻堆、晾干等工序，静待有益微生物参与发酵，从而使普洱的汤色红浓透亮，香气转化成木香、枣香。

倚邦的经典与骄傲

拍卖行里，陈储上百年的老茶都会标明自己是倚邦的茶青，七两一饼的老茶动不动就拍出一两百万的天价。

倚邦，是充满传奇色彩的茶山。从明朝开始这里就已经茶园成片，来自四川、江西和云南石屏等地的成千上万的人涌入这里，植茶、制茶、建立茶号。此后200余年，这里繁华与纷争交织。

1942年,倚邦老街发生了一场战争。战火烧了三天三夜,繁华的古镇化为一片灰烬。如今在倚邦大街上,还能见到坚守在这里的几十户茶商的后裔。

曾经雕梁画栋的倚邦老街,至今仍保留着一条异常宽敞的石板路。当年车马喧沸,如今街口只残留雕工精湛的石狮子、石磨盘、石碑……

倚邦的茶以中小叶种著称,香高、水细、韵味长。这里也有主干直立的乔木大树,亦有低矮丛生的古树。大茶树在森林中静默无语,骄傲而苍老。在山梁上,有几户彝族人家,茶叶就晒在木架上的竹筐里,极目可见远山,鸡犬之声相闻。

倚邦知名的寨子还有架布与嶍崆。白花浓密的远山,架布老寨唯余残垣。那些残留的被落叶与灰土掩盖的石墩、石磨、地基、古道,诉说着古茶山曾经的争斗、野火、疾疫、迁徙。茶树却很顽强,哪怕刀与火灭掉了枝

叶，只要有根，它就要生发。架布老寨的古茶有着奇异的果香。

嶍崆老寨与架布老寨相邻。我们步行了五六小时，也只看到古茶山边缘一角。茶地里的青苔、蕨草与大树共生，安静得只剩下清风流水的声音。

现在，倚邦的麻栗树、大黑山、龙过河还保留着成片的古茶园，龙过河的茶树主干直径多超过20厘米。当然，在倚邦，最有名的还是曼松茶，人们称曼松王子山的茶是慈禧太后喝过的贡茶。曼松王子山的茶非常香，这缘于曼松多风化的红岩石和红土。在曼松王子山，茶树长到二三十年就算是"老树"了。前来曼松寨收茶的人很多，有人专门为了几两的古树茶叶苦苦等待。寨子里也有从山里移植来的老茶树，种在房前屋后。

古茶山的昔日繁闹

从倚邦前往革登，半途从公路斜插进入山林，走十多分钟，有一块独特的九龙石碑立于荒野。这是当年乾隆皇帝赐予六大茶山管理者曹当斋的，褒奖他"军政修明，治邦有方"。

革登是布朗语，意为很高的地方。据说100多年前，革登有棵茶树王，每年可以采摘5担鲜叶。这是一个难以想象的数字，可惜茶树王早已不再。现在革登茶山存留老茶树最多的地方是直蚌和茶房，有三四百亩的古茶园。

离安乐村不远，是历史上有名的莽枝古茶山牛滚塘。牛滚塘曾是六大茶山的重要街市，只是今日再也不见昔日的繁闹。那些战火与恩怨情仇，以及显赫的普洱府，而今都已湮灭。

从莽枝回到象明，会经过象明乡的曼庄村。曼庄村位于蛮砖古茶山。自古有"喝倚邦看蛮砖"之说，倚邦为中

渥堆工序最为关键，也是黑茶色香味形成的重要环节。选择较暗、洁净的地面，渥堆高度一般不超过一米，表面覆盖湿布或蓑衣等物。温湿度都很讲究，过干则需洒水，过湿则需翻拌。这也是让有益微生物参与发酵的过程。当茶叶闻起来青气已经消除，散发出淡淡的酒糟香气时，渥堆就完成了。

传统黑茶的干燥采用的是松柴旺火烘焙，不忌烟味。用特制的七星灶，进风口用砖砌成七个孔，烘茶坑分大中小，下以松柴明火烘焙。烘焙时茶叶色泽渐渐变为乌黑油润，有松烟香。到这时，黑毛茶的制作才算完成。黑毛茶经蒸压装篓后即为天尖，蒸压成砖形的是黑砖、花砖、青砖或茯砖。

前期黑毛茶还需要通过精制工序，以达到其特有的风味。很多茶人都知道益阳茶厂的茯砖具备特别的风味，是其他厂茶难以比拟的，其秘诀就在于精制过程。他们在15—20天的发酵时间里严格掌控温湿度，以及拼配的比例、压制的松紧度，等等，从而形成了自己独特的风格。

唐时，朝廷就到湖南买办茶叶；明末清初，安化成为"茶马交易"的主要茶叶生产基地；至清代，湖南黑茶已经成为边销茶龙头，产销盛极一时。

坐落于雪峰山脉东北端的白沙溪茶厂，是湖南黑茶业的龙头老大。茶厂以安化大山20万亩茶园为依托，黑茶年产量达到4200吨。

1958年，白沙溪茶厂在益阳市建立了专门生产茯砖的车间。该车间如今已发展成为生产边销砖茶的龙头企业益阳茶厂，是全国最大的茯砖生产厂家。

老黑茶更加醇厚滑软，茶汤艳红，香气深沉，有着独特的滋味与陈韵；而新的黑茶茶香鲜活，茶汤清澈橙黄，回甘较快，性价比更高。

黑茶发"金花"不只出现于老的千两茶和茯砖茶。事实上，依靠现代的工艺，新的千两茶和茯砖茶也可以有大面积的金花，甚至通过一种"植菌"的方法，在黑砖当中都可以看到金花。

03

茶叶的旅行之路

茶马古道 〉通往世界屋脊的茶香

　　历史上的茶马古道是指以川藏道、滇藏道与青藏道（甘青道）三条大道为主线，辅以众多的支线、附线构成的道路系统。茶马古道地跨川、滇、青、藏，向外延伸至南亚、西亚、中亚和东南亚，远达欧洲。

　　茶马古道脱胎于唐宋时期的"茶马互市"。想想看，在海拔三四千米的地区，缺少蔬菜和水果的游牧民族，多么需要用茶叶来综合饮食。饮用酥油茶或奶茶，是游牧民族生活中非常重要的一件事。而在内地，军队和民间都需要大量的良马。于是，汉民族与边疆民族相互进行贸易的

"茶马互市"便应运而生。1000多年来,在横断山脉的高远艰险间,茶香萦绕通天的古道。

官方的茶马交易,可以追溯到唐肃宗至德元年(756)在回纥地区设立的驱马茶市。北宋时期,茶马交易主要在陕甘地区,易马的茶叶源于川蜀,朝廷在成都、秦州(今甘肃天水)各置榷茶司和买马司。到了明代,一度停止的茶马交易重新恢复,力度空前。清朝雍正十三年(1735),官营茶马交易制度终止。

民国时期,边销的茶叶除了来自西南的四川、云南、贵州,还有湖北、湖南、陕西、广西等地区。

茶马古道中的川藏线尤其值得一提。四川毗邻西

藏，是重要的产茶区。陈椽《茶叶通史》认为，黑茶始制于四川。至今仍可以在四川雅安看到的茶马司遗址，是北宋熙宁年间（1068—1077）设置的。当时四川年产3000万斤茶叶的大部分，被运往甘肃、青海地区，每年以茶易马达15000匹以上。迄至明朝，大部分川茶则由雅安和汉源输入藏区，川藏道越发重要。

川藏道崎岖难行，由雅安至康定运输茶叶，少量以骡马驮运，大部分还是要靠人力搬运，当地人称为"背背子"。行程按所背茶叶轻重而定，轻者日行四十里，重者日行二三十里。背夫在半路休息时，背子不用卸下，只用丁字形杵拐支撑歇气。杵头为铁制，时间久了，古道上常会留下窝痕，到今天还可以在古道上看到这样的小窝坑。险峻的川藏线要涉过汹涌咆哮的河流，穿越巍峨高耸的雪山，经风雨侵袭，历野兽环伺，人们不但要带幕帐随行，还要携武装自卫。

雅安茶园山高雨雾多，多太阳漫射光，尤其利于茶中糖分的生成。雅安传统产茶区也有严格区分，其中，本山茶和横路茶最优，蒙顶山、周公山一带的高山茶为本山茶，横路茶为荥经、天全的高山茶，其余丘陵、平坝地区所产茶则次之。早期边销的藏茶采制相对粗犷，却有其独

特之处,如蹓茶(用脚在布包上揉捻)后保留一定水分,再长时间扎仓(堆闷)。

在这片土地上,有最能吃苦的人民。他们用嶙峋的身形,荷负着重于身体两三倍的茶叶,行走于茶马古道的崇山峻岭之间。茶与马、血与汗,他们的艰辛如同古道沿途最不起眼的草木一般,生根于岩石缝隙,凛然冰雪寒风,却倔强而芬芳。

海上茶路 〉中国茶的世界传播之路

蓝色的大海给人以梦想。中国茶从1000多年前就开始大量通过海路远航，在风浪中茶香流布世界。

海上茶路与海上丝绸之路有着密切的关联，丝绸、茶、瓷器与其他众多的中国特产通过大海流向世界。大约2000年前，合浦港、徐闻港、登州港等众多的港口就开始与世界有了关联。

中国各大港口通商的历史与历朝历代的政策密切相

关。从唐宋一直到晚清,那些港口开放贸易的时间实际上并不太长,但成效却惊人,中国的茶与瓷器源源不断地流往海外。

从古登州港出发,可达朝鲜半岛和日本;从古扬州港出发,能到日本、新罗、大食、波斯;从古番禺港出发,过南海和马来半岛海域,进入印度洋和印度半岛南部海域,可到达斯里兰卡。而古刺桐港(今泉州港),已有1500多年历史。宋代史书记载,"国家置舶司于泉、广,招

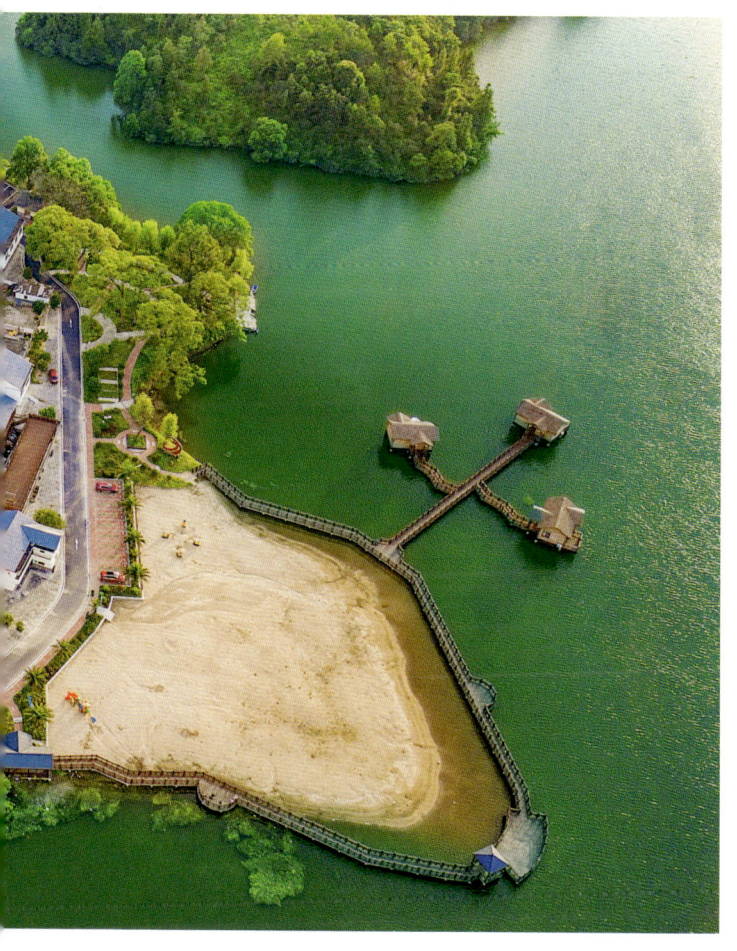

徕岛夷，阜通货贿，彼之所阙者，如瓷器、茗（茶）、醴（酒）之属，皆所愿得"。

漳州月港在明朝隆庆年间（1567—1572）正式开放，大量的茶与漳州瓷从这里流向海外。它是明朝实施海禁后保留的对外贸易的重要口岸，据说当时世界上一半多的白银源源不断流入这里。

此外，还有福州港、宁波港、南京港、张家港、三都澳港、连云港……它们在中国茶的海外传播中都发挥着重要作用。

最值得记录的是自明永乐三年（1405）至宣德八年（1433）的28年间，郑和率众7次远航，船队到达亚非30余国，加深了中国与世界各地的贸易和文化交流。郑和船队携带了大量的茶叶，对中国茶的传播与世界茶文化的发展起到了重要的推动作用。

15—17世纪的大航海时代，中国茶以更快的速度传播到世界各地。

我们再来看看茶叶从中国传播到各个国家和地区的时间表。

早在5世纪南北朝时期，中国的茶叶就开始陆续输出至东南亚邻国及亚洲其他地区。

可以确定的是7世纪唐朝时，朝鲜半岛上的大批新罗僧人到中国学习佛法，回国时将茶和茶籽带回新罗。新罗饮茶不会晚于7世纪中叶。

日本文献《奥义抄》记载，日本天平元年（729）四月，朝廷召集百僧到禁廷讲《大般若经》时，曾有赐茶之事。由此可知，日本人饮茶始于8世纪前期。

805年，日本僧人最澄从中国学佛归国，带回了茶籽，种在日吉神社的旁边，这里成为日本最古老的茶园。12世纪荣西禅师从中国学禅回日本时，带回了大宋的茶道，并在日本大加推广。他晚年所作《吃茶养生记》一书,至今被奉为日本茶道的经典。

阿拉伯人苏莱曼在851年成书的《中国印度见闻录》中提到了中国茶叶。这是中世纪阿拉伯人所著最早关于中国的旅游记,比《马可·波罗游记》早了400多年。

16世纪,欧洲传教士开始来中国传教。意大利传教士利玛窦在《利玛窦中国札记》中对中国的饮茶习俗作了详细的记载。

16世纪初,葡萄牙海员从中国带回茶叶,饮茶开始在欧洲传播。1607年,荷兰东印度公司开始从澳门收购武夷茶,经爪哇输入欧洲。1613年,英国首次直接从中国贩运茶叶。1618年,明使携带两箱茶叶,历经18个月到达俄京,以赠俄皇。

18世纪,饮茶之风已经风靡整个欧洲,后来又传入美洲和大洋洲。罗伯特·福琼在东印度公司的授意下,在1848—1850年数次前往福建武夷山区,将茶树籽苗带走,引种到印度大吉岭等地和斯里兰卡,最终试种成功,逐渐发展成大茶园。

到19世纪,中国茶叶几乎传遍全球,成为世界性饮料。

今天,中国茶叶已行销世界五大洲上百个国家和地区,世界上有50多个国家引种了中国的茶籽、茶树,有160多个国家和地区的人们有饮茶习俗,全世界饮茶人口达20多亿。

被称为"万里茶道"或"草原茶路"。

至18世纪末,武夷茶成为恰克图市场上的主要商品。1749年,恰克图贸易总额304万卢布;1850年,即达到1380万卢布。1840—1860年,对华贸易占到了俄国对外贸易的60%,中方每年贸易顺差为100万—200万卢布,其中茶叶贸易占比最高。这期间中国出口的茶叶垄断了世界茶叶市场的八九成份额,而由汉口输出的茶叶占中国茶叶出口的六成。来自湖北羊楼洞、江西修水、安徽祁门、湖南安化、福建武夷、四川雅安等地的茶叶纷纷聚集汉口,汉口因此被誉为"东方茶港"。

1862年,《中俄陆路通商章程》在北京签订。俄国开始打通符拉迪沃斯托克经天津至汉口的水上贸易通道,并得以到中国茶产区采办茶叶和兴建茶叶加工厂。中国茶商因之受到极大的冲击。

19世纪70年代,俄国人在中国开办了第一家以蒸汽机为动力的机械制茶厂。当时俄国茶商几乎完全操控了汉口砖茶市场。随着俄国在黑海敖德萨港口的开辟,加上旧有的符拉迪沃斯托克水路,俄商每年从中国内地获取茶叶超过60万担。而曾在茶叶贸易市场上叱咤风云的晋商,却因税收及沿途费用高昂,输掉了这场商业上的竞争。

相比陆运,海运运载量更大,成本更低。到19世纪90年代,经敖德萨进入俄国的中国货物总值已达1300多万卢布,几乎与恰克图齐平。至此,草原茶路的衰败已不可逆转。

对草原茶路影响最大的事件是横贯西伯利亚的大铁路于1905年全线通车。绵延1万多公里的陆上茶路,自此被一条更新、更快的通道所代替。来自汉口的茶叶,经长江黄金水道运至上海,再由上海通过定期海轮运至符拉迪沃斯托克,随后通过西伯利亚大铁路送到俄国全境。从中国港口海运到符拉迪沃斯托克，然后直达莫斯科，整个过程只需7周，每磅茶叶的运费仅需9美分。而从天津经恰克图到莫斯科的运输时间则是19个月，传统的草原茶路可谓望尘莫及。

此时，茶叶在俄国的价格也大幅下降，饮茶更加普及。往昔繁忙的由汉口至恰克图的茶叶商道，最终废弛成为历史的陈迹。

1917年俄国十月革命后，时代巨变，苏维埃政府宣布茶叶为"奢侈性消费品"，在汉口的几家俄商茶厂相继关停。俄商退出汉口茶市，汉口茶叶贸易急剧萧条，长达2个世纪的草原茶路最终淡出历史舞台。